JN094074

つながりの物理学

パーコレーション理論と
複雑ネットワーク理論

小田垣 孝 著

The Physics of Connectivity

裳華房

The Physics of Connectivity
— Percolation Theory and Complex Networks Theory —

by

Takashi Odagaki, Dr. Sc.

SHOKABO
TOKYO

JCOPY 〈出版者著作権管理機構 委託出版物〉

序　文

　自然界や社会現象には，系を構成する要素のつながりに着目することにより，統一的にその現象を理解できるものが多い．実際，つながりの概念は，素粒子物理学，原子核物理学，物性物理学，分子生物学や生物物理学，そして，経済物理学，社会物理学など，すべてのスケールの現象の理解に用いられているだけでなく，材料設計や工業製品においても幅広く応用されており，"つながり"は1つのパラダイムとして，現代の物理学において必須の基本的知識となっている．

　"つながり"は，これまで2つのやや異なった見方で論じられてきた．1つは，1950年頃から研究がはじめられて定式化された，パーコレーション理論である．この理論は，空間内にランダムに置かれた要素の間で，互いに隣接するもの，あるいは，ある有限の距離内にあるもの同士につながりが生じると考え，その要素のつながりの広がり方から，様々な現象の特徴がどのように理解できるのかを明らかにするものである．

　もう1つの見方は，1980年代から明確な定式化が行われてきた複雑ネットワーク理論である．この理論は，最近のインターネットのように，要素のつながりは要素間の距離とは関係なく形成されると考え，その過程で出現する巨大なネットワークの構造を明らかにし，その構造が，ネットワークの上で出現する様々な現象にどのように反映するのかを解き明かすものである．

　本書では，この"つながり"に焦点を当て，"パーコレーション理論"と"複雑ネットワーク理論"の基礎的事項およびそれらの応用を，物理的視点から統一的に解説する．つながりの概念は極めて汎用性が高く，本書が将来の新しい科学の発展の礎になることを期待している．

　本書でとり上げた研究成果は，私の研究室に所属していた学生・大学院生

との共同研究によるものが多い．協力してくれた学生・大学院生諸氏に，この場を借りて御礼申し上げる．

　本書の出版に際し，長い間辛抱強くお世話して頂き，また，専門的な内容に踏み込んで原稿を丁寧に校閲して下さった裳華房編集部の小野達也氏に感謝いたします．

　2020 年 8 月

小田垣 孝

目　　次

第1章　つながりとネットワーク

第2章　パーコレーションの基礎

第3章　パーコレーションの発展

第4章　パーコレーションの応用

第5章　複雑ネットワークの基礎

第6章　複雑ネットワークの特徴とその構築

第7章　複雑ネットワーク上の物理過程

第1章

つながりとネットワーク

　物質や社会の構造を特徴づける，あるいは自然現象を理解するためには，要素と要素の間に何らかの"つながり"を考えることが重要となることが多い．この章では，いくつかの事例をとり上げ，つながりの演ずる様々な役割を眺めることにする．

§1.1 エピソード 1 ── テントウムシの点の数 ──

　春になると花畑や草むらでよく見かけるテントウムシは，多くはオレンジ色の背に 7 個の黒い点をもつナナホシテントウである．しかし，草むらをよく探してみると，他にも点の数が 2 個，4 個のものや 12 個のものも見つけることができる（図 1.1）．百科事典には点の数が 2, 4, 7, 11, 12, 28 のものが図示されている．しかも，テントウムシには，背景色が黒色で点がオレンジ色（黒地紅星）のものと，背景色がオレンジ色で点が黒色（紅地黒星）があり，後者には点の数が多いものもいる．では，ナナホシテントウのように紅地黒星のものの黒い点の数を増やしていくと，何個くらいになると背景色が入れ替わり，黒地紅星に変わるであろうか．

図 1.1　いろいろなテントウムシ．ナナホシテントウは，紅地に黒点が 7 個ある．同じ大きさの黒点の数をいくつにすれば黒地になるであろうか．

　全く同様の問題として，地球上の海面と陸地のつながり方を考えることができる．現在，地球表面のおよそ 70 % は海面で覆われており，海面全体は 1 つにつながった領域になっている．もし，氷河期が到来し，両極の氷が増えて海水面が下がったとしたら，海水面がどれくらい下がったときに，5 大陸は徒歩で行き来できるようになるであろうか．

　これらの 2 つの問題を，一般的な物理学の問題として定義し直して，無限に大きな平面に，ある大きさの点を描くことを考える．それらの点が覆って

いる面積が全体の面積の中で占める割合を**面積分率**とよぶが，このとき問題にしたいのは，その面積分率がいくら以上になれば，それらの点全体が1つにつながるかということである．

§1.2　エピソード2 ── セラミックスのコーヒーフィルター ──

　上方落語の「はてなの茶碗」（東京では「茶金」という演目）は，ひびがないのに水が漏れるという陶器の茶碗の数奇な運命を題材にした話である．陶器が形や硬さを保ちつつ，注がれた水が下から漏れ出るという不思議な現象を見た何人もの高貴な人が箱書きを重ね，ついにはとんでもない高額になったという話であるが，現在では，図1.2のようなセラミックスのコーヒーフィルターがつくられている．

　強固につながった陶器の内部に，内側と外側をつなぐ，水の通れる隙間ができるのはなぜだろうか．同様の構造をもつものとして，例えば，後で紹介する朱肉のいらない印鑑や排水性舗装などがある．

図1.2　佐賀県有田市にある久保田稔製陶所製セラミックスのコーヒーフィルター「久右エ門」（筆者撮影）．

§1.3　エピソード3 —— 旧友との再会と6次の隔たり ——

　数年前,ドイツのシュツットガルトで,2人の友人同士の35年ぶりの再会劇に立ち会う機会があった.私の友人Trebin教授の夫人Annegretは,大学時代に仲の良かった日本人留学生のHiroとの連絡が途絶え,互いに消息不明になってしまっていた.Annegretは,ぜひもう一度会いたいと以前から願っており,探す手立てはないかと,私自身も何度か尋ねられたことがあった.

　ある日,Annegretの息子さんが「Hiroからメールが届いた」と連絡してきたという.Annegretは,メールを通してHiroに連絡できるようになり,シュツットガルトを訪ねたHiroと再会を果たしたのである.再会の場で,どのようにして再度連絡がとれるようになったのかを聞いたところ,次のような話であった.

　HiroもかねてからAnnegretに再会したいと願っており,互いの友人であったShigemiに相談した.Shigemiはインターネットを活用し,使いはじめたFacebookでAnnegretの姓Trebinを検索して同じ姓をもつ人を見つけ,Annegretを知っているかを尋ねるメールを出した.すると,この人はAnnegretの甥に当たる人で,普段から連絡している従兄弟(Annegretの息子)にメールを転送した.Annegretの息子はすぐに母親に電話し,ここに,AnnegretとHiroのつながりが復活したのである.つまり,HiroのAnnegretに会いたいという願いは,図1.3のようにHiro→Shigemi→Facebook→Annegretの甥→Annegretの息子→Annegretという5つのステップを経て届いたことになる.

　ある人が,目的とする人に知人を介して情報を送ろうとするとき,間に何人の人を介すれば到達できるのかという

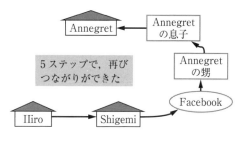

図1.3　旧知の2人の間のつながりの再構築.

問題について実際に調査した結果が, 1967年にMilgramにより報告[1]されている. Milgramは, いくつかの調査を行っているが, ここでは, 出発点をアメリカのネブラスカ州の住人160人とし, 情報の伝達先を, ボストン近郊に住み, ボストン市内の投資会社で働く人にとった例を紹介する.

出発点となった人には調査の目的を説明し, 伝達先の名前・住所・会社名と役職名に加えて, 卒業した大学と卒業した年度・兵役の期間・配偶者の独身時代の姓・出身地が伝えられた. さらに, 以下の伝達の手順が示され, ファイルを郵送することが要請された.

1. 同封されている参加者リストに自分の名前を書き込み, 次にファイルを受けとった人が, そのファイルが誰から送られて来たものかがわかるようにすること.

2. 同封されている切手を貼ったはがきをハーバード大学に送ること.

3. もし伝達先が名前で呼び合えるような親しい知人ならば, 直接その人にファイルを送ること.

4. もし伝達先を個人的に知らないときは, ファイルを伝達先ではなく, 自分の知り合いの中で, より伝達先の人を知っていそうな人に送ること. ただし, 参加者リストにすでに名前のある人は除く.

調査の結果によると, 最初の出発点に送られた160個のファイルの内, 最終的に44個のファイルが伝達先に到達した. この44個のファイルの辿った経路を, 到達するまでに通過した人数で分類すると, 図1.4のようになった. このデータを単純に平均すると, 出発点から伝達先に到達するまでに要した人数の平均値は5.4人, すなわち6.4ステップであることがわかる.

世界中の人が5〜6ステップでつながっているという事実から, 人と人のつながりは**スモールワールド**を形成しているといわれる*. この事実は「Six

---

* 実際には, 第6章で定義するスモールワールドの特徴の1つである.

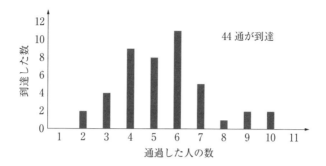

図 1.4 Milgram の実験において，ネブラスカ州を起点とし，ボストン
の伝達先に到達した 44 個のファイルの数を，その通過してきた人の数
ごとに示す．（S. Milgram : Pshycology Today 1 (1967) 61 による）

degree of separation（6 次の隔たり）」ともいわれるが，Marconi が行った
と伝えられている，「（Marconi 数とよばれる）5.83ヶ所の中継基地局を置け
ば，世界中が電信によって通信できる」という推論と符合しているといわれ
ることが多い[2]．

　Marconi は，無線電信の開発への貢献により，1909 年にノーベル物理学
賞を受賞した人である．Marconi の推論は，実際に通信に成功した 3360 km
程度の間隔で基地局を置けば，世界中の人々を覆えるというものであった．
この推論は，§1.1 のテントウムシの模様についての考察にも関連するもの
であり，つながりの構成の仕方がスモールワールドとは異なっていることを
注意しておく．

§1.4 エピソード 4 ── ビンゴゲーム ──

　ビンゴゲームは，最近ではパーティーの余興の定番となっている．このゲ
ームでは，まず最初に，各参加者に 5 × 5 のマス目に数字の書かれたカード
（図 1.5(左)）を配る．中央以外の 24 のマス目には，1 から 75 までの数字か
らランダムに選ばれた数字が書かれている．一方，中央のマス目は，ボーナ
スとして常に穴を開けることができる．ゲームがはじまると中央のマス目に

図 1.5 ビンゴのカード（左）とビンゴになったカード（右）．

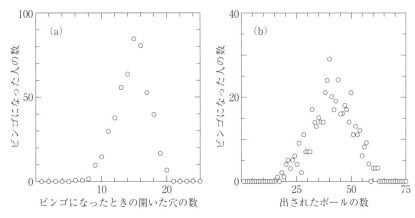

図 1.6 500 人が参加したゲーム．
(a) ビンゴになったカードの穴の分布．
(b) 司会者がボールを取り出した回数の関数として，ビンゴになった人の数を示す．

穴を開け，司会者が選び出す数字を待つ．司会者が装置を使って数字の書かれたボールをとり出し，大きな声で数字を読み上げる．参加者は，自分のカードにその数字と同じ数字が打たれたマス目があれば，指でマス目を押して穴を開ける．ゲームが進むと，カードの中の穴の数がだんだんと増えていき，ついには，開いた穴が縦，横または斜めにつながった状態（これをビンゴという）になる．ゲームでは，最初にビンゴになった人から賞品がもらえ

ることになる．図1.5(右)に，ビンゴになった状態のカードを示す．

　ビンゴになったカードでは，平均何個くらい穴が開いているであろうか．
あるいは，司会者が何個くらいボールをとり出したときにビンゴになる人が
多く出るであろうか？　実際のデータを図1.6に示す．いずれの図において
も，およそ60％のところにピークが見られる．実は，こんなゲームにも物
理学の原理が潜んでいる．

§1.5　エピソード5 —— 三角関係 ——

　多くの人が集まるパーティーではじめて出会った人が，出身大学や出身地
のことを話題にし，お互いの共通の知人を見つけることは多い．図1.7のよ
うに，パーティーではじめて出会ったAさんとBさんは，様々な話の中で
「へー，Cさんをご存じなんですか？」「はい，Cさんには子供の頃によく遊
んでもらい大変お世話になりました．世の中って，狭いですね．」「そうです
ね，世の中は狭いですね．」という会話になって，お互いに親しみを感じる
のである．知り合い関係にある2人を線でつなぐと，AさんとBさんが新
たな知り合い関係になったことで，A，B，Cを結ぶ三角形が形成がされた
ことになる．

　このように，知り合い関係に三角形の関係（あるいは単純に三角関係とい
う）が多いことは世界的に認識されており，日本おける「世の中は狭い」に
対応して，英語では「The world is small」あるいは「It's a small world」と

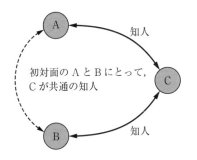

図1.7　初対面のAとBにとって，
　　　　Cが共通の知人であったとわか
　　　　ったときに，「世の中は狭い」と
　　　　いわれる．

表現される．また，中国語では「世界很小」，ドイツ語では「Die Welt ist klein」など，ほぼすべての国で同様の表現が使われている．

§1.6　本書の構成

ここで述べた5つのエピソードは，すべて身近にある，あるいは観測できる事柄である．一見異なったように見えるこれらの現象を理解する基本的な考え方を解説することが，本書の目的である．

これらのエピソードを物理学的な視点から眺めると，

1.　対象とする系には多くの要素が存在する．

2.　要素の間につながりが定義される．

3.　互いにつながった要素が形成するネットワークの特徴から，現象が理解できる．

という基本的な考え方が存在していることがわかる．さらに，つながりの構成の仕方および考察すべき現象を，2つに分類することができる．

1.　2つの要素間の距離が，ある限度以内にあるとき，それらの要素間につながりを形成し，互いにつながった要素が全体に広がっているかどうかを考察する（図1.8(a)）．

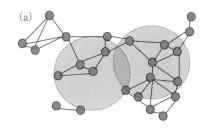
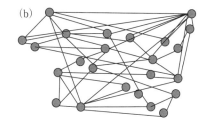

図1.8　2つのつながりの構成の仕方．
(a)　近くにある要素間につながりを形成し，つながった要素の広がりを対象とする．
(b)　要素間の距離とは関係なく，何らかの規則によってつながりを形成し，つながった要素のつくるネットワークの構造を対象とする．

2. 要素間の距離とは関係なく，ある規則に従って2つの要素間につながりを形成し，互いにつながった要素がつくるネットワークの構造を考察する（図1.8(b)）.

歴史的な発展から見ると，前者はすでに1943年頃からStockmayer[3]らによって高分子の生成と関連づけて議論されており，1957年のBroadbentとHammersley[4]の論文によって，**パーコレーション過程**として明確に定義された. **パーコレーション**は浸透を意味する言葉であり，パーコレーション過程は，空間内にランダムに置かれた要素が無限に広がった大きなつながりをつくる過程を意味する. 通常，互いにつながった要素の集団を**クラスター**とよび，クラスターの大きさの分布や，ランダムに選んだ1つの要素が無限に大きなクラスターに属す確率などが，考察の対象となる.

一方，後者の**ネットワーク**の考え方は，直観的にはすでに有史以来，社会で広く知られていた事実もあるが，物理学の対象として明確に定義されたのは，1998年のWattsとStrogatzの論文[5]および1999年のWatts著：「Small Worlds」[6]においてである. さらに，別の視点から書かれたBarabási とAlbertの1999年の論文[7]も加わって，ここ20年ほどの間に**ネットワークの物理学**が確立した.

通常の物理学のように力やエネルギーではなく，"**要素間のつながり**"という全く新しい視点から現象を捉えようとする学問を，ネットワークの物理学あるいは**つながりの物理学**とよぶことにする. 本書は，パーコレーションの物理に関しては，拙著「パーコレーションの科学」[8]をベースに新たな知見を加え，さらにネットワークに関する考察を付け加えて，"つながりの物理学"という新しいパラダイムの基礎的事項をまとめたものである.

第2章では，パーコレーションの基礎的概念を解説する. また，第3章では，様々なパーコレーション過程への発展について，第4章では，パーコレーションの材料設計やいろいろな分野への応用について解説する. 第5章では，**複雑ネットワーク**に関する基礎的事項について，第6章では，特徴のあ

る複雑ネットワークの構成について解説する．そして，最後の第7章では，複雑ネットワーク上の物理現象を中心に様々な応用について解説する．

　"つながりの物理学"は，普遍的で単純な法則によって，多くの現象を理解し，さらに様々な予言をすることができるという意味において，物理学の重要な一分野となっていることを強調しておく．

問　題

1. 身近な現象でつながりが果たす役割の例を説明せよ．
2. 自分自身の知り合い関係のネットワークを作成せよ．

参 考 文 献

［1］　S. Milgram : Pshycology Today **1**（1967）61.

［2］　G. Marconi : Nobel Lecture（1909）.（ただし，このレクチャーノートには5.83 という数値は出てこない.）

［3］　W. H. Stockmayer : J. Chem. Phys. **11**（1943）45.

［4］　S. R. Broadbent and J. M. Hammersley : Math. Proc. Cambr. Phil. Soc. **53**（1957）629.

［5］　D. Watts and S. Strogatz : Nature **393**（1998）440.

［6］　D. Watts : "*Small Worlds*"（Princeton University Press, Princeton, 1999）：（邦訳）粟原 聡，佐藤進也，福田健介 訳：「スモールワールド」（東京電機大学出版局，2006）

［7］　A. Barabási and R. Albert : Science **286**（1999）509.

［8］　小田垣 孝：「パーコレーションの科学」（裳華房，1993）.

第 2 章

パーコレーションの基礎

　ランダムに配置された要素間に，ある規則に従って
つながりを仮定すると，互いにつながった要素の**クラス
ター** (塊) が定義される．要素の数密度を増していくと，
ある臨界点を超えたところで，1つの大きなクラスター
が出現する．この章では，クラスターをどのように特徴
づけるかを説明し，厳密に示すことのできるいくつかの
性質を概観する．

§2.1　つながりとクラスター

　要素のつながりを最も身近に見ることができるのは囲碁である．囲碁は，黒と白の石を交互に碁盤の目に置き，前後左右の隣にある同じ色の石がつながっていると考えて，互いにつながった石で囲まれた領域の大きさを競うゲームである．ここでは，この碁石と碁盤を使って**パーコレーション過程**を考えることにしよう．

　石の色は以下の話では本質的ではないので，黒石のみを用いることにし，黒石を単に石とよぶことにする．まず，石を碁盤の目にデタラメに置いていく．置かれた石の数を碁盤の目の数（361）で割った量は，碁盤の目当たりの石の数を表す．この量をpで表し，**数密度**（あるいは単に**密度**）とよぶ．pは任意の碁盤の目が石で占められる確率を表すから，**占有確率**ともよばれる．密度pの値は，石が置かれていない$p = 0$から，すべての目に石が置かれた$p = 1$まで変化する．

　さて，pが小さいときは石はバラバラに置かれ，少しpが大きくなると，1つの石の隣に置かれた別の石が出てくる．このように，互いに隣り合う石の集まりは**つながった状態**にあるという．そして，さらに別の石が隣にきて，3つ以上の石がつながることもある．こうして互いにつながった石を**クラスター**とよぶ．また，1つのクラスターを形成する石の数を**クラスターの大きさ**といい，単独で存在する石も大きさ1のクラスターとよぶことにする（図2.1）．

　碁盤に置く石の数をさらに増やしていくと，クラスターは成長し，段々と大きなクラスターが生じる．図2.2に，$p = 0.562$（図(a)）と$p = 0.609$（図(b)）のときの石の配置の例を示す．それぞれの例において，一番大きなクラスターを網がけして示している．$p = 0.609$の例では，最大のクラスターは碁盤の上下の端および左右の端に到達しているのに対し，$p = 0.562$の例では，最大のクラスターは上下の端に到達しているが，左右方向の端には至っていない．この例では，碁盤は19×19の有限の大きさであり，試行を繰

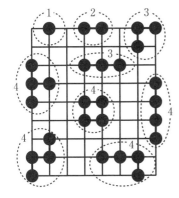

図 2.1 碁盤の目に置かれた石がつくる
小さなクラスター．大きさ 1 から 4 の
クラスターで，異なった構造をもつも
のを示す．

(a)
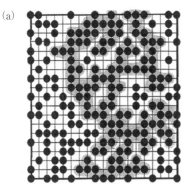

(b)
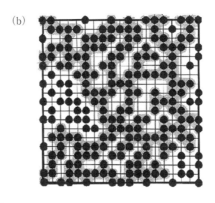

図 2.2 2 つの密度に対する石の配置の例．
 (a) $p = 0.562$ では，網がけされた一番大きなクラスターは，上下の端に到達して
 いるが，左右方向には端まで至っていない．
 (b) $p = 0.609$ では，一番大きなクラスターは上下，左右の端まで到達している．

り返すごとに異なった配置になり，同じ数の石を置いても，上下，左右の端
までつながるクラスターはできたり，できなかったりする．

　無限に大きな碁盤を用いる場合は，上下，左右の端は無限の彼方にあるこ
とになるから，その端につながるクラスターは，無限の遠くまでつながるこ
とになる．無限に大きな系では，石の密度 p をゼロから増していったとき
に，はじめて無限につながったクラスターができる臨界的な密度 p_c が存在
し，この p_c のことを**臨界浸透確率**という．

パーコレーション理論は,

1. 臨界浸透確率を求めること
2. 任意の要素が無限に大きなクラスターに属す確率（**浸透確率**）
3. 臨界浸透確率の付近で系に出現しているクラスターの特徴を明らかにすること

を主要な課題として発展してきた.

上で述べた過程を物理学の用語を用いて再定義しよう. 物理学では, 周期的に置かれた点（碁盤の目に対応）の集まりを**格子**といい, 点のことを**格子点**という. 碁盤の目のように, 格子点が互いに直角になる方向に同じ間隔で並ぶ平面上の格子を**正方格子**という. 1つの格子点から最も近い距離にある格子点を**最近接格子点**といい, 1つの格子点の周りにある最近接格子点の数を, その格子の**配位数**とよぶ. 例えば, 正方格子の配位数は4である. また, 格子点とその最近接格子点の間の距離のように, 格子の周期の大きさを特徴づける長さを**格子定数**という. 正方格子では, 1つの長さが決まれば, 格子は完全に定義される.

上で見た過程は, 次のように述べることができる. まず, 無限に大きな正方格子において, 格子点にランダムに要素を配置する. このとき, ある格子点上の要素とその最近接格子点にある要素を**つながった状態**といい, 互いにつながった要素の集まりを**クラスター**とよぶ. 格子点当たりの要素の数（密度）が臨界浸透確率より大きいと, 無限の彼方までつながったクラスターが出現する.

正方格子は2次元平面上の格子であり, 平面上の格子には他に, 三角格子, 蜂の巣格子, かごめ格子などが存在する[*1]. また, 3次元空間においても格子を考えることができる. 単純立方格子, 体心立方格子, 面心立方格子, ダイヤモンド格子はよく知られた格子である. これらの格子を図2.3に示す.

[*1] 格子は, 並進対称性や回転対称性によって分類できる. 詳しくは, アシュクロフト - マーミン 共著:「固体物理の基礎〈上・I〉」（松原 他訳, 吉岡書店）を参照.

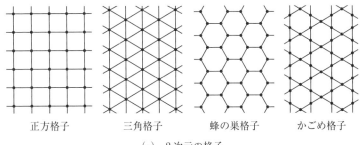

（a） 2次元の格子

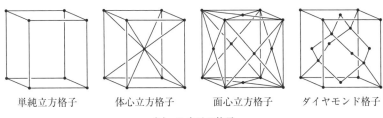

（b） 3次元の格子

図 2.3 格子の例.

上の例のように，格子点に要素を配置し，隣に来た要素をつなぐという手続きで定義されるパーコレーション過程を**サイト過程**という．

同じ格子を用いて，図 2.4(a) のように別の形のパーコレーション過程を定義することもできる．この過程では，格子点ではなく，最近接格子点同士をつなぐ線（**ボンド**という）に着目し，各ボンドがランダムに要素で占められるものとする．1つの格子点を共有するボンドは互いに**つながった状態**と考え，互いにつながった要素の集まりを**クラスター**とよぶ．そして，このつながりによって定義されるパーコレーション過程を**ボンド過程**とよぶ．

応用の面からいうと，ボンド過程も重要な過程である．しかし，図 2.4(b) のように，ボンドを格子点とする格子（**被覆格子**という）を考えると，元の格子のボンド過程は被覆格子のサイト過程と等価であり，物理学の立場からいえば，サイト過程を調べれば十分ということになる．

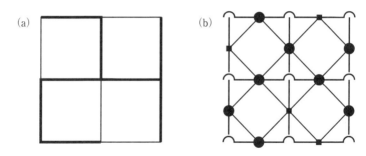

図2.4 ボンド過程と対応する被覆格子のサイト過程.
(a) 正方格子上のボンド過程. ボンドに置かれた要素（太線で示す）のつくるクラスターを考える.
(b) 元の正方格子のボンドを格子点とする被覆格子. 元の格子のボンドが占有されているか否かによって, 被覆格子の格子点に要素を配置すれば, 元の格子のボンド過程は被覆格子のサイト過程になる.

　上で述べたサイト過程では, 最近接格子点を占めた要素間につながりを仮定した. このつながりの範囲は, 本来, 対象とする系の性質で決まるものであり, 遠くまでつながりが生じる過程も考えることができる. 通常, つながりが生じる距離は一定であり, 2つの要素間の距離がその距離以内であれば, つながりが生じると仮定される.

　ある範囲内の2つの要素間につながりが生じると考えると, 要素を格子点に置くことは必ずしも必要要件ではないことがわかる. 実際, 図2.5のよう

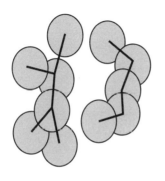

図2.5 平面内にランダムに置かれた円板のパーコレーション過程. 円板が重なったときにつながりが生じるとした過程.

に要素を空間内にランダムに配置し，何らかの条件によって要素間のつながりを形成して要素の数密度を増す，あるいは，平均要素間距離を短くしたときに，要素のつながりが無限に広がる過程として，**パーコレーション過程**を定式化することができる．要素間のつながりは，"要素間の距離"，"重なり"，あるいは"接触"などによって定義することができる．

§2.2　基本的物理量

正方格子上のサイト過程を用いて，パーコレーション過程の定式化において主要な働きをする基本的物理量を定義しよう．正方格子の任意の格子点が，つながりをつくる要素で占められている確率（**占有確率**）を p で表す．要素がつくる1つのクラスターが，独立したクラスターであるためには，その周囲がすべて空である（占有されていない）ことが必要であり，1つのクラスターを孤立させるために必要な格子点を**ペリメータ**（周縁）とよぶ．大きなクラスターの場合，ペリメータはクラスターの外周だけではなく，内部にも存在する場合がある．

図2.6に，大きさが1, 2, 3, 4のクラスターの状況を示す．大きさ1のクラスター（図2.6(a)）では，周囲の4個の格子点（ペリメータ）が空である必要があり，したがって，その出現確率は，1個の格子点が占有される確率 p と4個の格子点が空である確率 $(1-p)^4$ の積で与えられるので，$p(1-p)^4$ となる．大きさ2のクラスターの場合（図2.6(b)），ペリメータは6個であり，その出現確率は同様に $p^2(1-p)^6$ となる．

次に，大きさ3のクラスターを考えてみよう．図2.6(c) に示すように，大きさ3のクラスターには，直線型とL字型の2つの形（**モチーフ**）があり，直線型のペリメータは8個だから，その出現確率は $p^3(1-p)^8$，L字型のペリメータは7個だから，その出現確率は $p^3(1-p)^7$ となる．

また，大きさ4のクラスターには，4つの形がある（図2.6(d)）．そのうち2つのペリメータは8個，残りのペリメータは9個と10個であり，それ

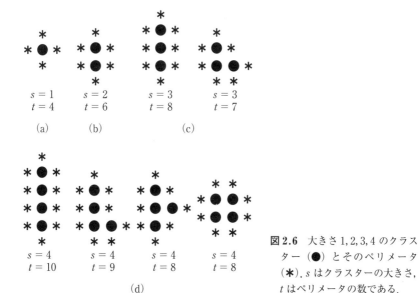

図 2.6　大きさ $1, 2, 3, 4$ のクラスター（●）とそのペリメータ（*）. s はクラスターの大きさ，t はペリメータの数である.

ぞれの出現確率は $p^4(1-p)^8$, $p^4(1-p)^9$, $p^4(1-p)^{10}$ となる.

　パーコレーション過程は，任意に選んだ格子点のもつ性質を用いて解析される. 任意に選んだ格子点が大きさ 1 のクラスター（すなわち，最小のクラスター）に属す確率は，1 種類の配置しかないので，クラスターの出現確率と同じ $p(1-p)^4$ となる.

　次に，任意に選んだ格子点が大きさ 2 のクラスターに属す確率を考えてみよう. この場合，選んだ格子点がクラスター内のどちらの要素に占められるか，またクラスターの向きが上下方向か左右方向かによって，4 種類の配置がある（図 2.7(a)）. したがって，この確率は，2 個の格子点が占有される確率 p^2 とペリメータの 6 個の格子点が空である確率 $(1-p)^6$ の積を 4 倍した，$4p^2(1-p)^6$ で与えられる. この係数 4 を $a_{2,6}$ と表す. 一般に $a_{s,t}$ は，与えられた 1 つの格子点を含む，大きさ s，ペリメータ t のクラスターの数を表す.

　大きさ 3 のクラスターについては，図 2.6(c) のように，ペリメータが

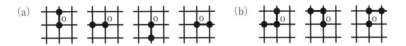

図 2.7　1 つの格子点を占めるクラスターの配置.
　(a)　1 つの格子点 o を占める大きさ 2 のクラスターは 4 種類ある.
　(b)　L 字型の大きさ 3 のクラスターが 1 つの格子点 o を占める, 3 つの異
　　　なった場合を示す. 90° ずつ回転させたものがそれぞれの場合に 4 種類
　　　あり, 1 つの格子点を占める L 字型のクラスターは全部で 12 種類ある.

7 の L 字型のクラスターとペリメータが 8 の直線型のクラスターがある. さ
らに, 図 2.7(b) のように, 1 つの格子点が大きさ 3 の L 字型のクラスター
の一部になる場合は 12 通りあり, また 1 つの格子点が大きさ 3 の直線型ク
ラスターの一部である場合は 6 通りある. したがって, $a_{3,7} = 12, a_{3,8} = 6$
であり, 任意の格子点が大きさ 3 のクラスターの一部である確率は, それぞ
れの場合の確率の和をとって

$$12p^3(1 - p)^7 + 6p^3(1 - p)^8$$

で与えられる.

　一般に, 任意の格子点が大きさ s のクラスターの一部である確率は, 可能
なペリメータについて和をとって,

$$\sum_t a_{s,t} p^s (1 - p)^t \qquad (2.1)$$

で与えられる. パーコレーション理論で基本となる量は,

　　　任意に選んだ格子点が有限の大きさのクラスターに属す確率 $F(p)$

および

　　　任意に選んだ格子点が無限に大きなクラスターに属す確率 $P(p)$

である.

　$F(p)$ は, (2.1) 式の確率をすべての有限の大きさの s について加え合わ
せたものだから

$$F(p) = \sum_s \left\{ \sum_t a_{s,t} p^s (1 - p)^t \right\} \qquad (2.2)$$

で与えられる.

　任意に選んだ格子点が要素で占有される確率は p であり, 占有された格子点は, 有限の大きさのクラスターに属すか, 無限に大きなクラスターに属すかのどちらかであるから,

$$F(p) + P(p) = p \tag{2.3}$$

が成り立つ. したがって, $P(p)$ は

$$P(p) = p - \sum_s \left\{ \sum_t a_{s,t} p^s (1-p)^t \right\} \tag{2.4}$$

で与えられる. この任意の格子点が無限に大きなクラスターに属す確率 $P(p)$ を, **パーコレーション確率**（あるいは**浸透確率**）という.

　別の興味ある量は, 例えば磁性元素を非磁性元素の中に分散させた希釈強磁性体で, その磁化率が磁性元素のつくるクラスターの大きさと関係づけられる（参考文献 [1] の付録 A を参照）ように, たくさん存在するクラスターの大きさの平均値である. そこで, 任意の格子点に着目し, その点が属しているクラスターの大きさの平均, すなわち**平均クラスターサイズ**を求める.

　任意の格子点が大きさ s のクラスターに属す確率は (2.1) 式で与えられ, 平均クラスターサイズを $S(p)$ とすると, $S(p)$ は, s をこの確率で平均した

$$S(p) = \frac{\sum_s \left\{ \sum_t s a_{s,t} p^s (1-p)^t \right\}}{\sum_s \left\{ \sum_t a_{s,t} p^s (1-p)^t \right\}} \tag{2.5}$$

で定義される.

　ここで定義した, 任意に選んだ格子点が有限の大きさのクラスターに属す確率 $F(p)$ や平均クラスターサイズ $S(p)$ は, クラスターの数と関係づけることができる. 全格子点の数が N の格子に要素を分布させたときに, 大きさ s のクラスターが N_s 個存在しているとき, 大きさ s のクラスターが占めている格子点の数は sN_s である. したがって, 任意に選んだ格子点が大きさ s のクラスターの一部になっている確率は, sN_s を N で割って

$$\frac{sN_s}{N} = sn_s$$

で与えられ，格子点当たりの大きさ s のクラスターの数 n_s と関係づけられる．

任意の格子点が大きさ s のクラスターの一部になっている確率は (2.1) 式で与えられるから，

$$n_s = \sum_t \frac{a_{s,t}}{s} p^s (1-p)^t \tag{2.6}$$

が成り立つ．ここで，計算を見通し良くするために，クラスターの大きさ s のベキ乗に n_s を掛けて，s について和をとったモーメントを導入し，n_s の k 次モーメント M_k を占有確率 p の関数として

$$M_k(p) = \sum_s s^k n_s \tag{2.7}$$

で定義する．

格子点当たりのクラスターの数は $\sum_s n_s$ で与えられるから，

$$\sum_s n_s = M_0(p) = \sum_s \left\{ \sum_t \frac{a_{s,t}}{s} p^s (1-p)^t \right\} \tag{2.8}$$

であり，n_s の 0 次モーメントで与えられることになる．

一方，任意に選んだ格子点が有限の大きさのクラスターに属す確率 $F(p)$ は，(2.2) 式と (2.6) 式から，n_s の 1 次モーメント

$$F(p) = \sum_s s n_s = M_1(p) \tag{2.9}$$

で与えられる．同様に，平均クラスターサイズ $S(p)$ は (2.5) 式より

$$S(p) = \frac{\sum\limits_s s^2 n_s}{\sum\limits_s s n_s} = \frac{M_2(p)}{M_1(p)} \tag{2.10}$$

と表すことができ，n_s の 2 次モーメントと関係づけられる．

これらの量の p 依存性を考えてみよう．まず，p が増加するとクラスターの数は増加するが，ある程度 p が大きくなると，p が増加したときに既存のクラスターの結合が起こり，クラスターの数が減少し，$p=1$ でただ 1 個の

クラスターになる．また，無限に広がったクラスターができるまでは，任意の格子点が有限の大きさのクラスターに属す確率は占有確率に等しく，p がある閾値 p_c を超えると $F(p)$ は減少しはじめ，同時に，任意の格子点が無限に大きなクラスターに属す確率 $P(p)$ が 0 から増加しはじめる．さらに，p_c 近傍では，クラスターの大きさの揺らぎが大きく，平均クラスターサイズが発散することが想像できる．

したがって，$M_0(p)$，$F(p)$，$P(p)$，$S(p)$ は，図 2.8 のような占有確率 p 依存性をもつことが予想される．すなわち，臨界浸透確率を p_c として

$$P(p)\begin{cases} = 0 & (p \leq p_c) \\ > 0 & (p \geq p_c) \end{cases} \tag{2.11}$$

である．

パーコレーションの問題が難しいのは，以下で見る 1 次元格子やベーテ格子以外の格子では，$a_{s,t}$ が単純な式では表せないからである．実際，少し大きなクラスターになると，ペリメータがクラスターの外周だけでなく，内部にも存在するものがあり，t は s を用いた単純な式では表せない．

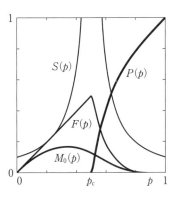

図 2.8 $M_0(p), F(p), P(p), S(p)$ の予想される振る舞い．

§2.3 1次元上のパーコレーション

京都の鴨川と高野川の合流地点は鴨川デルタとよばれ，京都の人の憩いの場である．そのデルタの先の川の中に，図2.9のように，飛び石が直線（1次元）的に並べられている．この飛び石は，河床を安定させるために設けられている横断構造物の上に置かれたものであるが，水位が低いときは人が渡れるようになっている．つまり，1次元的に置かれた飛び石で両岸がつながっているので，飛び石を1つ除くと，両岸のつながりが途切れることになる．

図 2.9 京都の鴨川デルタにある両岸をつなぐ飛び石．

このように，1次元の格子点上に置かれた要素のつくるクラスターは，占有確率が $p = 1$ のとき以外は有限の大きさに留まることは容易に理解できる．ここでは，1次元格子について，前節で定義したパーコレーション過程の基本的な物理量を求めてみよう．

格子点が直線上に配置された1次元格子では，どの大きさのクラスターも直線状であり，1つのクラスターを孤立させるには，その両端の外側にある2個の格子点が空であればよく，ペリメータ t はクラスターの大きさ s に関係なく，常に $t = 2$ である（図2.10）．

図 2.10 1次元上のクラスターは，両端の外側の2個の格子点が空であることでつくられる．

また，任意に選んだ格子点が大きさ s のクラスターの一部であるとき，クラスター内の s 個の点のどの点にもなることができるので，s 個の場合が存在する．すなわち，$a_{s,2} = s$ となる．したがって，任意の格子点が有限の大きさのクラスターに属す確率 $F(p)$ は，(2.2) 式より次式で与えられる．

$$F(p) = \sum_{s=1} sp^s(1-p)^2 \qquad (p \neq 1 \text{ のとき}) \tag{2.12}$$

この式は，$q = 1 - p$ とおいて，微分の公式を用いると容易に計算でき，

$$F(p) = q^2 \sum_{s=1} sp^s = q^2 p \frac{d}{dp} \sum_{s=1} p^s = q^2 p \frac{d}{dp} \frac{p}{1-p} = q^2 p \frac{1}{(1-p)^2} = p$$

を得る．$p = 1$ のときは，$F(p) = 0$ である．したがって，浸透確率は

$$P(p) = \begin{cases} 0 & (p \neq 1 \text{ のとき}) \\ 1 & (p = 1 \text{ のとき}) \end{cases} \tag{2.13}$$

となり，無限に大きなクラスターができるのは $p = 1$，すなわち，当然のことではあるが，全格子点が占有された場合に限られる．このとき，臨界浸透確率は $p_c = 1$ である．

平均クラスターサイズ $S(p)$ も同様に求めることができ，(2.5) 式より

$$S(p) = \frac{(1-p)^2 p \dfrac{d}{dp} p \left(\dfrac{d}{dp} \sum_{s=1} p^s \right)}{(1-p)^2 p \dfrac{d}{dp} \sum_{s=1} p^s} = \frac{1+p}{1-p} \tag{2.14}$$

を得る．平均クラスターサイズは，$p = p_c = 1$ で発散する．

同様にクラスターの数を求めると，(2.8) 式より

$$M_0(p) = (1-p)^2 \sum_s p^s = p(1-p) \tag{2.15}$$

を得る．クラスターの数は上に凸の関数であり，$dM_0(p)/dp = 1 - 2p = 0$ を満たす $p = 1/2$ のときに最大となる．この点は，臨界浸透確率 $p_c = 1$ より小さいことに注意しておく．

1つの格子点が要素で占められているとき，その点からある距離だけ離れた別の格子点にある要素が，元の格子点の要素と同じクラスターに属しているかどうかは，要素間を伝わって起こる電気伝導などの現象で重要な役割を

する．そこで，1つの占有されている格子点から距離 L にある別の格子点が，同じクラスターに属す確率を $g(L)$ と書き，$g(L)$ が

$$g(L) \sim \exp\left(-\frac{L}{\xi}\right) \tag{2.16}$$

と表されるとき，ξ を**相関距離**とよぶ．

　1次元格子の場合，格子定数（最近接格子点間の距離）を a とすると L の部分には L/a 個の格子点があり，L だけ離れた2つの格子点が同じクラスターに属すには，その間にある L/a 個の格子点がすべて占有されていなければならない．したがって，

$$g(L) \sim p^{L/a}$$

である．つまり，(2.16) の右辺は

$$g(L) \sim \exp\left(-\frac{L}{a}\log\frac{1}{p}\right)$$

と表すことができるから，相関距離は

$$\frac{\xi}{a} = \frac{1}{\log\dfrac{1}{p}} = \frac{1}{\log\dfrac{1}{1-(1-p)}} \sim \frac{1}{1-p}$$

で与えられる．相関距離は $p = p_c = 1$ で発散し，その発散の仕方は (2.14) 式の平均クラスターサイズ $S(p)$ と同じである．

§2.4　ベーテ格子上のパーコレーション

　大きな木を見ると，太い幹から何本か枝が出ており，さらにその枝からも小さな枝が何本か出て枝分かれが繰り返されるが，極めて希な場合を除いて，枝と枝が融合することはない．また，幹から出る根についても同じような枝分かれ構造が見られる．このような樹状の構造をモデル化したものが，**ベーテ格子**[*2] である．

[*2]　相転移の平均場近似の1つであるベーテ近似が厳密に成り立つことから，ベーテ格子とよばれる．

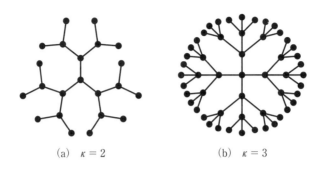

(a) $\kappa = 2$ (b) $\kappa = 3$

図 2.11 ベーテ格子.

　ベーテ格子は次のように構成される．1つの格子点の周りに置かれた $z \equiv \kappa + 1$ 本のボンドの先に $\kappa + 1$ 個の格子点を置き，さらにその格子点に置かれた κ 本のボンドの先に κ 個の格子点を置く．互いに交わることなく，この過程を繰り返して，無限に大きな格子をつくる．図2.11 に $\kappa = 2$（図(a)）および $\kappa = 3$（図(b)）のベーテ格子を示す．ベーテ格子では，2つの格子点が必ず直線的に結ばれており，枝同士を結ぶリンクがなく，格子内にループは存在しない．

2.4.1　厳　密　解

　ベーテ格子上のクラスターのペリメータは，クラスターの大きさで決まることに注目しよう．まず，$s = 1$ のクラスターの場合は周囲の $\kappa + 1$ 本のボンドの先の $\kappa + 1$ 個の格子点が空であり，ペリメータは $t = \kappa + 1$ である．大きさ s のクラスターのペリメータを t とすると，クラスターの大きさを1増して $s + 1$ にするためには，t 個のペリメータのうち，1個を占有させる必要がある．このとき，元のペリメータは1だけ減るが，新たに占有された格子点の周りに κ 個のペリメータが生じる．つまり，クラスターの大きさが1だけ増加すると，ペリメータ t は $\kappa - 1$ だけ増加して，$t - 1 + \kappa$ になる．

　したがって，大きさ s のクラスターのペリメータは，1個のときのペリ

メータの数 $\kappa + 1$ に，1 個要素を加える度に増加する $\kappa - 1$ の $s - 1$ 倍を加えたものになり，

$$t = \kappa + 1 + (s - 1) \times (\kappa - 1) = s(\kappa - 1) + 2 \tag{2.17}$$

と表すことができる．すなわち，ペリメータ t は，大きさ s で一意に決まる関数となる．

これより，任意に選んだ格子点が有限の大きさのクラスターに属す確率 $F(p)$ は，(2.2) 式より

$$F(p) = q^2 \sum_s a_{s,t}(pq^{\kappa - 1})^s \qquad (\text{ただし，} q = 1 - p, \ t = s(\kappa - 1) + 2) \tag{2.18}$$

と表され，以下のように具体的に求めることができる．

まず，**ベーテ関数**とよばれる $a_{s,t}/s$ の母関数 $B_\kappa(z)$ を次のように定義する．

$$B_\kappa(z) = \sum_{s=1}^{\infty} \frac{a_{s,t}}{s} z^s \tag{2.19}$$

$B_\kappa(z)$ の z に関する導関数は，

$$z \frac{d}{dz} B_\kappa(z) = \sum_{s=1}^{\infty} a_{s,t} z^s \tag{2.20}$$

を満たすから，(2.18) 式の $F(p)$ は

$$F(p) = pq^{\kappa + 1} \frac{d}{dz} B_\kappa(z) \Big|_{z = pq^{\kappa - 1}} \tag{2.21}$$

と表すことができる．

一方，p が小さいときはすべてのクラスターは有限の大きさであり，$F(p)$ は占有確率 p に等しく，$F(p) = p$ が成り立つ．したがって，(2.21) 式を用いて $B_\kappa(z)$ を求めることができる．実際，

$$\frac{d}{dz} B_\kappa(z) = \frac{1}{(1 - p)^{\kappa + 1}} \qquad (\text{ただし，} z = p(1 - p)^{\kappa - 1}) \tag{2.22}$$

である．ここで，左辺の z による微分を p の微分に変換すると，$dz/dp = (1 - p)^{\kappa - 2}(1 - \kappa p)$ に注意して

$$\frac{d}{dp}B_\kappa(z) = \frac{dz}{dp}\frac{1}{(1-p)^{\kappa+1}} = \frac{1-\kappa p}{(1-p)^3} = \frac{1-\kappa}{(1-p)^3} + \frac{\kappa}{(1-p)^2}$$

$$(2.23)$$

が導かれる. $p = 0$ のときは $z = 0$ であり, $B_\kappa(z) = 0$ が成り立つので, この条件のもとで積分すれば, 容易に

$$B_\kappa(z) = \frac{p\{2-(\kappa+1)p\}}{2(1-p)^2}$$

$$(2.24)$$

を示すことができる.

$B_\kappa(z)$ は z の関数であるから, この式の p を z で表す必要がある. $z = p(1-p)^{\kappa-1}$ は, $p = 0$ および $p = 1$ で $z = 0$ となり, $0 < p < 1$ に対して 1 つのピークをもつ関数である. したがって, p は z の 2 価関数であり, その 2 つの分枝のうち, $z \to 0$ のとき $p(z) \to 0$ となる分枝 $p(z)$ が解となる. この $p(z)$ を用いると, $B_\kappa(z)$ は,

$$B_\kappa(z) = \frac{p(z)\{2-(\kappa+1)p(z)\}}{2\{1-p(z)\}^2}$$

$$(2.25)$$

と表すことができる. 図 2.12 に, $p(z)$ の z 依存性を示す[3].

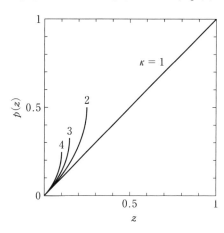

図 2.12　$z = p(1-p)^{\kappa-1}$ を p について解いたのが $p(z)$ であり, $p(z)$ は $\lim_{z \to 0} p(z) = 0$ を満たす.

---

[3] $B_\kappa(z)$ から $a_{s,t}$ を求めることができる (参考文献 [1] を参照).

$$a_{s,t} = \frac{(1+\kappa)(s\kappa)!}{s!t!} \qquad (t = 2 + (\kappa-1)s)$$

このベーテ関数を用いると, (2.2), (2.4), (2.5), (2.8) 式で定義した $F(p), P(p), S(p), M_0(p)$ を求めることができる. ただし, ベーテ関数は z の関数であり, 一方, 求めたい量は p の関数であるから, 具体的な関数を求めるときは注意が必要である.

まず, ベーテ関数の z に関する導関数を p の関数と考えて

$$Z(p) = \frac{d}{dz}B_\kappa(z) \tag{2.26}$$

とおく. ここで $z = p(1-p)^{\kappa-1}$ を用いて,

$$p(1-p)^{\kappa-1} = z = P^*(p)\{1 - P^*(p)\}^{\kappa-1} \tag{2.27}$$

により, p の関数 $P^*(p)$ を定義する. すなわち, 与えられた $p(0 \leq p \leq 1)$ に対して $z = p(1-p)^{\kappa-1}$ を求め, この z に対して, $z = P^*(p)\{1-P^*(p)\}^{\kappa-1}$ の解で $z \to 0$ において $P^*(p) \to 0$ となる分枝により, $P^*(p)$ が決まる. この $P^*(p)$ を用いると, (2.22) 式より $Z(p)$ は

$$Z(p) = \frac{1}{\{1 - P^*(p)\}^{-(\kappa+1)}} \tag{2.28}$$

と表される.

したがって, (2.18) 式からベーテ格子のパーコレーションでは,

$$\begin{aligned} F(p) &= p(1-p)^{\kappa-1}Z(p) \\ &= P^*(p)\left\{\frac{1-p}{1-P^*(p)}\right\}^2 \end{aligned} \tag{2.29}$$

となり, 平均クラスターサイズ $S(p)$ は, (2.5) 式より

$$S(p) = \frac{z\dfrac{d}{dz}\left(z\dfrac{d}{dz}B_\kappa(z)\right)\Big|_{z=p(1-p)^{\kappa-1}}}{z\dfrac{d}{dz}B_\kappa(z)\Big|_{z=p(1-p)^{\kappa-1}}} \tag{2.30}$$

となるので

$$S(p) = \frac{1 + P^*(p)}{1 - \kappa P^*(p)} \tag{2.31}$$

と求めることができる.

また,クラスターの数 $M_0(p)$ は,(2.8) 式,(2.19) 式より

$$M_0(p) = (1-p)^2 B_\kappa(z)|_{z=p(1-p)^{\kappa-1}} = \frac{(1-p)^2 P^*(p)\{2-(\kappa+1)P^*(p)\}}{2\{1-P^*(p)\}^2}$$

$$(2.32)$$

で与えられる.

例として,$\kappa=3$ のベーテ格子(図 2.11(b))の場合を考えよう.$P^*(p)$ は (2.27) 式より

$$P^*(1-P^*)^2 = p(1-p)^2 \qquad (2.33)$$

の解である.この方程式は,$P^*=p$ の解以外に,$p\to 1$ のときに $P^*=0$ となるものとして,次の解をもつ.

$$P^* = \frac{1}{2}\{2-p-\sqrt{p(4-3p)}\}$$

これから求められる $F(p), P(p), S(p)$ および $M_0(p)$ を表 2.1 にまとめておく.浸透確率は $P(p) = p - F(p)$ で与えられる.

$\kappa=3$ のベーテ格子の $F(p), P(p), S(p)$ および $M_0(p)$ の p 依存性を図 2.13 に示す.$p \le 1/3$ のとき $F(p)=p$,したがって $P(p)=0$ であり,$p>1/3$ のときに $P(p)\ne 0$ となるから,$p_c=1/3$ が臨界浸透確率になる.

表2.1 ベーテ格子($\kappa=3$)の $F(p)$, $P(p)$, $S(p)$ および $M_0(p)$

	$p \le \dfrac{1}{3}$	$p > \dfrac{1}{3}$
$F(p)$	p	$\dfrac{2-p^2-(2-p)\sqrt{p(4-3p)}}{2p}$
$P(p)$	0	$\dfrac{3p^2-2+(2-p)\sqrt{p(4-3p)}}{2p}$
$S(p)$	$\dfrac{1+p}{1-3p}$	$\dfrac{4-p-\sqrt{p(4-3p)}}{3p-4+3\sqrt{p(4-3p)}}$
$M_0(p)$	$p(1-2p)$	$\dfrac{(4-3p)\sqrt{p(4-3p)}-4p^3+11p^2-6p-2}{2p}$

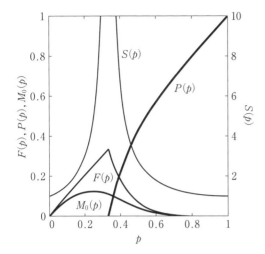

図 2.13 $\kappa = 3$ のベーテ格子における有限の大きさのクラスターに属す確率 $F(p)$, 浸透確率 $P(p)$, 平均クラスターサイズ $S(p)$, およびクラスター数 $M_0(p)$ の p 依存性.

一般の κ については, $p \leq 1/\kappa$ のとき $P^*(p) = p$ となるので $F(p) = p$, $P(p) = 0$ であり, $p > 1/\kappa$ のとき $P^*(p) \neq p$ となって $P(p) > 0$ となるので, $p_{\mathrm{c}} = 1/\kappa$ が臨界浸透確率になる.

2.4.2 母関数の方法

ここで, ベーテ格子の臨界浸透確率を直接求める別の方法[*4]を考察しておこう. まず, 任意の格子点が確率 p で要素に占有されているとき, その格子点が大きさ n のクラスターの一部である確率を $P_0(n)$ とする. 大きさ 0 のときも含めて考え, $P_0(n)$ の**母関数** (x と p の関数)

$$G_0(x, p) = \sum_{n=0} P_0(n) x^n \qquad (2.34)$$

を定義する. また, この格子点の隣の格子点を起点とする分枝を考え, その起点となる格子点が, 元の格子点を含まないで大きさ n のクラスターに属す確率を $P_1(n)$ とし, その母関数 $G_1(x, p)$ を

---

*4 この方法は, 第 7 章で述べる複雑ネットワーク上のパーコレーション過程にも応用することができる.

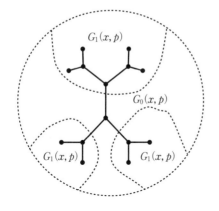

図 2.14 ベーテ格子の全体に対する母関数 $G_0(x, p)$ と分枝に対する母関数 $G_1(x, p)$ の定義.

$$G_1(x, p) = \sum_{n=0} P_1(n) x^n \tag{2.35}$$

によって定義する（図2.14）.

　母関数 $G_0(x, p)$ を用いると，中心の格子点が含まれるクラスターの大きさの平均値 $\langle n \rangle$ は

$$\langle n \rangle = \sum_{n=0} n P_0(n) = \left. \frac{dG_0(x, p)}{dx} \right|_{x=1} \tag{2.36}$$

で与えられる．中心の格子点は，空である（確率 $1 - p$）か，要素で占有されている（確率 p）かであり，占有されると各分枝の状況は $G_1(x, p)$ で完全に記述できる．したがって，

$$G_0(x, p) = 1 - p + px G_1(x, p)^{\kappa+1} \tag{2.37}$$

の関係が成り立つ．同様に，$G_1(x, p)$ は外側に伸びる κ 本の分枝の状況で決まるから

$$G_1(x, p) = 1 - p + px G_1(x, p)^{\kappa} \tag{2.38}$$

を満たす.

　(2.37) 式および (2.38) 式を x について微分すると

$$\frac{dG_0(x, p)}{dx} = p G_1(x, p)^{\kappa+1} + (\kappa + 1) px G_1(x, p)^{\kappa} \frac{dG_1(x, p)}{dx} \tag{2.39}$$

$$\frac{dG_1(x, p)}{dx} = p G_1(x, p)^{\kappa} + \kappa px G_1(x, p)^{\kappa-1} \frac{dG_1(x, p)}{dx} \tag{2.40}$$

となるので, $dG_1(x, p)/dx$ を消去して

$$\frac{dG_0(x, p)}{dx} = \frac{p\,G_1(x, p)^{\kappa+1}\{1 + px\,G_1(x, p)^{\kappa-1}\}}{1 - \kappa px\,G_1(x, p)^{\kappa-1}} \tag{2.41}$$

と表すことができる. ここで, $G_1(1, p) = 1$ に注意して, (2.41) 式において $x = 1$ とおいたものを (2.36) 式に代入してクラスターの大きさの平均値を求めると

$$\langle n \rangle = \frac{p(1 + p)}{1 - \kappa p} \tag{2.42}$$

となる.

この結果は, $p \leq p_c = 1/\kappa$ のときの表式 $P^*(p) = p$ を (2.31) 式に代入し, 中心の格子点が有限の大きさのクラスターに属す確率 $F(p)$ を掛けた式と同じであり, 母関数によっても同じ結果が得られることがわかる.

§2.5　2次元格子と3次元格子上のパーコレーション

§2.1 では, 2次元正方格子を用いてパーコレーション過程を説明した. 図 2.3(a) に示したように, 2次元上の格子には三角格子などの他の格子も存在し, また身近な結晶は図 2.3(b) に示したような3次元格子の構造をもつものも多い.

これらの2次元平面上や3次元空間内の格子におけるパーコレーション過程では, クラスターのペリメータ t がクラスターの外周だけでなく, 内部にも存在するものがある. そのため, 大部分のクラスターでは, t をクラスターの大きさ s と単純に関係づけることはできないことから, s と t を指定したクラスターの数 $a_{s,t}$ を具体的に求めることができず, 厳密な解を求めることはできない[*5]. したがって, 2次元, 3次元格子上のパーコレーション過程に関する情報は, ほとんどが計算機シミュレーションによって得られたもの

[*5] いくつかの2次元格子については, その格子の特徴を利用して厳密解が求められている. 詳しくは, 参考文献 [1] の §3.2 を参照.

表2.2　様々な2次元格子，3次元格子上のサイト過程とボンド過程の臨界浸透確率

格　　子	配位数	充填率†	サイト過程	ボンド過程
蜂の巣	3	0.6046	0.6962	$1 - 2\sin\dfrac{\pi}{18}{}^* \sim 0.6527$
正方	4	0.7854	0.592745	$\dfrac{1}{2}{}^*$
かごめ	4	0.6802	$1 - 2\sin\dfrac{\pi}{18}{}^* \sim 0.6527$	0.449
三角	6	0.9069	$\dfrac{1}{2}{}^*$	$2\sin\dfrac{\pi}{18}{}^* \sim 0.3473$
ダイヤモンド	4	0.3401	0.428	0.388
単純立方	6	0.5236	0.311609	0.2492
体心立方	8	0.6802	0.2460	0.1785
面心立方	12	0.7405	0.198	0.119

＊：厳密解

†：各格子点に互いに接する円板（2次元）または球（3次元）を置いたとき，その円板（球）が占める面積（体積）が全体の面積（体積）に占める割合を，その格子の**充填率**という．

である[*6]．なお，正方格子に対するプログラミングの基本的な考え方を，巻末の付録で説明しておく．

　表2.2には，現在までに求められているサイト過程およびボンド過程の臨界浸透確率を示す．

問　　題

1．正方格子上の大きさ4のクラスターについて $a_{4,t}$ を求めよ．

2．$\kappa = 2$ のベーテ格子について，$F(p)$，$P(p)$，$S(p)$，$M_0(p)$ を求め，それらの p 依存性を図示せよ．

[*6]　1957年に Broadbent と Hammersley[2] がパーコレーション過程を明確な形で導入したのは，当時発達してきた計算機で扱える最も適切なテーマとしてである．

参 考 文 献

［1］ 小田垣 孝：「パーコレーションの科学」（裳華房，1993)

［2］ S. R. Broadbent and J. M. Hammersley：Math. Proc. Cambr. Phil. Soc. **53** (1957) 629.

第 3 章

パーコレーションの発展

　つながりをつくる要素を増やすと，あるところで突然大きなクラスターが生じるパーコレーション過程は，高温で磁性を失っていた磁石の温度を低下させたときに，ある温度で突然に磁性をもつようになる相転移とよく似た現象である．この対応に着目して，パーコレーション過程も，相転移の研究において開発されたスケーリング理論や繰り込み群の方法を用いて解析されてきた．

　また，実際の物質のつながりを考えると，格子上ではなく空間内にランダムに配置された要素のつながりや，点ではなく形状をもったもののつながり，あるいは，つながりをつくる要素が完全にランダムな分布ではなく，何らかの相関をもつ分布をすることもある．

　さらに，抽象的な問題としてのパーコレーションでは，つながりは距離だけで決められることが多いが，つながりが何らかのものが移動できる要素間にできる場合もあるため，その要素の運動から動的にパーコレーション過程を定義し，つながりの強さが距離に依存するモデルも調べられてきた．

　この章では，パーコレーション過程のこのような様々な発展を考察する．

§3.1 臨界現象としてのパーコレーション

熱力学的な相転移現象では，転移点において様々な物理量が異常を示し，特に熱力学関数の 2 次の導関数が異常を示す 2 次相転移では，転移点においてベキ関数に従って発散する物理量が存在することが知られている．

パーコレーション過程においても，無限に大きなクラスターが出現しはじめる臨界浸透確率（ここでは**臨界点**とよぶことにする）$p = p_c$ 近傍で，図 2.8 が示唆するように $F(p), P(p)$ および $S(p)$ がベキ関数に従った振る舞いを示す．そこで，ベキ関数を表す指数（ベキ）を次のように定義する．

$$P(p) = p - F(p) \sim (p - p_c)^\beta \qquad (p \geq p_c) \tag{3.1}$$

$$S(p) \sim \begin{cases} (p - p_c)^{-\gamma} & (p \geq p_c) \\ (p_c - p)^{-\gamma'} & (p \leq p_c) \end{cases} \tag{3.2}$$

また，クラスター数 $M_0(p)$ そのものは p_c で特異性を示さないが，その曲率（すなわち 2 次導関数 $d^2 M_0(p)/dp^2$）が異常を示すことを想定して，

$$M_0(p) \sim \begin{cases} (p - p_c)^{2-\alpha} & (p \geq p_c) \\ (p_c - p)^{2-\alpha'} & (p \leq p_c) \end{cases} \tag{3.3}$$

とおく．すなわち，

$$\frac{d^2 M_0(p)}{dp^2} \sim \begin{cases} (p - p_c)^{-\alpha} & (p \geq p_c) \\ (p_c - p)^{-\alpha'} & (p \leq p_c) \end{cases} \tag{3.4}$$

により臨界指数 α, α' を定義し，このように定義された $\alpha, \alpha', \beta, \gamma, \gamma'$ を**臨界指数**とよぶ．

臨界指数の値はクラスターの分布によって決められる．上の定義のように臨界指数は，一般的にいえば臨界点にどちらから近づくかによって異なってもよいが，これまでに得られている結果が示すように，$\alpha = \alpha'$，$\gamma = \gamma'$ が成り立つものとして以下の話を進める．

ベーテ格子の場合は，これらの量はすべて (2.27) 式で定義される $P^*(p)$ で与えられるから，$P^*(p)$ の $p = p_c = 1/\kappa$ 近傍の振る舞いが臨界指数を決定する．

まず，$p \leq p_c$ のときは，$P^*(p) = p$ であるから，$\delta p = p - p_c$ とすると

$$P^*(p) = p_c + \delta p \qquad (\text{ただし}, \ \delta p \le 0) \tag{3.5}$$

である.

一方, $p \ge p_c$ のときは, (2.27) 式を $\delta p = p - p_c$ について展開して $p = p_c$ 近傍の解を求める. $P_i \ (i = 1, 2, 3, \cdots)$ を δp^i のオーダーの項として $P^*(p) = P_0 + P_1 + P_2 + P_3 + \cdots$ と展開すると,

$$P_0 = p_c \tag{3.6}$$

$$P_1 = -\delta p \tag{3.7}$$

$$P_2 = \frac{2\kappa(\kappa - 2)}{3(\kappa - 1)}\delta p^2 \tag{3.8}$$

$$P_3 = -\frac{4\kappa^2(\kappa - 2)^2}{3(\kappa - 1)^2}\delta p^3 \tag{3.9}$$

が容易に示される. すなわち, $P^*(p)$ は δp の 1 次の項までとると

$$P^*(p) \sim p_c - |p - p_c|$$

と表すことができ, $p = p_c$ で最大値 p_c をとる. $P^*(p)$ の展開式を (2.29), (2.31) 式に代入することにより

$$P(p) \sim \frac{2(\kappa + 1)}{\kappa - 1}(p - p_c) \tag{3.10}$$

$$S(p) \sim \frac{\kappa + 1}{\kappa^2}\frac{1}{|p - p_c|} \tag{3.11}$$

が導かれ, 臨界指数が $\beta = 1, \gamma = \gamma' = 1$ となることが示される.

クラスターの数 $M_0(p)$ についても, 同様に解析することができる. $p \le p_c$ のときは, (3.5) 式を (2.32) 式に代入して,

$$M_0(p) = \frac{p(2 - p - \kappa p)}{2} = \frac{\kappa - 1}{2\kappa^2} - \frac{1}{\kappa}\delta p - \frac{\kappa + 1}{2}\delta p^2 \tag{3.12}$$

を得る.

$p \ge p_c$ のときは, (3.6)〜(3.8) 式を (2.32) 式に代入すると,

$$M_0 = \frac{\kappa - 1}{2\kappa^2} - \frac{1}{\kappa}\delta p - \frac{\kappa + 1}{2}\delta p^2 + \frac{2\kappa^3(\kappa + 1)}{3(\kappa - 1)^2}\delta p^3 \tag{3.13}$$

が示される. (3.4) 式により臨界指数 α を求めると, $\alpha = -1$ となる. ($p \le p_c$

においては，$d^2 M_0(p)/dp^2 = 0$ だから臨界的振る舞いが見られないが，以下では $\alpha' = -1$ とする.）

　パーコレーション過程において，$P(p)$，$S(p)$ などが $p = p_c$ のところで臨界的振る舞いを示すのは，無限に大きなクラスターが出現するのにともなって，クラスターの大きさの分布が変化することによる. そこで，臨界指数とクラスターの大きさの分布との関係を考えよう.

　十分に大きな系において，確率 p で各格子点が要素で占有されているとする. 格子点当たりの大きさ s のクラスターの数を n_s とすると，すでに見たように，(2.9),(2.10) 式より

$$F(p) \simeq \sum_s s n_s \tag{3.14}$$

$$S(p) \simeq \frac{\sum\limits_s s^2 n_s}{\sum\limits_s s n_s} \tag{3.15}$$

と表されるから，臨界指数 β, γ は，それぞれ n_s の1次モーメント，2次モーメントの p_c 近傍での振る舞いを記述するものである. また，格子点当たりのクラスターの数は，(2.8) 式より n_s の0次モーメントであるから，その臨界指数 α は，

$$\sum_s n_s \sim (p - p_c)^{2-\alpha} \tag{3.16}$$

によって定義される.

　2次元，3次元の格子については，計算機シミュレーションによって**臨界指数**が決定されている. 臨界指数は次元には依存するが，格子の種類にはよらないという，いわゆる**ユニバーサリティー（次元普遍性）** を示す. 表3.1に，

表3.1　ベーテ格子，2次元，3次元の格子の臨界指数

臨界指数	ベーテ格子	2次元格子	3次元格子
α	-1	$-\dfrac{2}{3}$	-0.6
β	1	$\dfrac{5}{36}$	0.4
γ	1	$\dfrac{43}{18}$	1.8
ν	$\dfrac{1}{2}$	$\dfrac{4}{3}$	0.9

臨界指数をまとめておく.

表 3.1 の ν は相関距離 ξ の臨界指数である.相関距離は,(2.16) 式を 2, 3 次元空間内のパーコレーション過程に拡張し,1 個の要素で占有された格子点から L だけ離れた格子点が,元の格子点と同じクラスターに属す確率を $\exp(-L/\xi)$ と表したときの ξ で定義され,臨界点近傍で $\xi \sim |p - p_c|^{-\nu}$ のように振る舞う[*1].

§3.2 スケーリング則とスケーリング理論

2 次相転移について臨界点近傍で定義された臨界指数の間には,**スケーリング則**とよばれる関係式が存在し,その関係を説明する**スケーリング理論**が知られている.

パーコレーション過程に対しても,一見独立に見える臨界指数が,一般に次の関係式を満たすことが知られている.

$$\alpha + 2\beta + \gamma = 2 \tag{3.17}$$

$$d\nu = 2 - \alpha = 2\beta + \gamma \tag{3.18}$$

(3.17) 式の関係は,2 次相転移について知られている Rushbrooke スケーリング則と同じ関係式である.空間次元 d を含む (3.18) 式(Josephson スケーリング則)のような関係式は**ハイパースケーリング則**とよばれる.

スケーリング則は,クラスターの数の分布に対して次の仮説を置くことによって導くことができる.まず,臨界点 $p = p_c$ におけるクラスターの数がベキ関数

[*1] ベーテ格子はループのない構造だから,大きさ s のクラスターの端から端までの距離は s 程度と考えられ,相関距離は 45 頁の (3.23) 式を用いて

$$\xi^2 = \sum_s s^2 n_s \sim |p - p_c|^{(\tau - 3)/\sigma}$$

と見積もることができる.ベーテ格子では $\sigma = 1/2$,$\tau = 5/2$ であることを用いると,

$$\xi \propto |p - p_c|^{-1/2}$$

すなわち,$\nu = 1/2$ が示される.

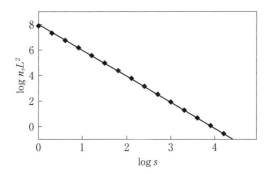

図3.1 $L \times L$ $(L = 95000)$ の三角格子の臨界点 $p = p_c = 0.5$ において，シミュレーションで求められたクラスターの数の分布．両対数プロットで直線になっており，クラスターの数が大きさのベキ乗になっていることがわかる．この直線の傾きから，フィッシャー指数 τ がおよそ 2.0 と見積もられる．（A. Margolina, H. Nakanishi, D. Stauffer and H. E. Stanley : J. Phys. **A17** (1984) 1683 のデータによる）

$$n_s(p_c) \propto s^{-\tau} \tag{3.19}$$

で与えられると仮定する．この仮定は，図3.1に示した三角格子の結果のように，高い精度で成り立つことが確かめられており，この指数 τ を**フィッシャー指数**とよぶ．図3.1から，τ はおよそ2.0であることがわかる[1]．

次に，臨界点近傍 $p \sim p_c$ におけるクラスターの数の分布 $n_s(p)$ を考える．臨界点に近づくと，より大きなクラスターができるが，臨界点に近づくほどクラスターの大きさを測る単位を大きくする（例えば，4個の要素を1個と見なす）と，クラスターの数の分布が変化しないと仮定する．これは，2次相転移の解析で用いられたのと同じ考え方である．

具体的には，クラスターの大きさを測る単位を，σ をパラメータとして $(p - p_c)^{-1/\sigma}$ にとり，$n_s(p)$ と臨界点におけるクラスターの数 $n_s(p_c)$ との比が，p, s それぞれに独立に依存するのではなく，これらの変数を組み合わせた

$$\left\{ \frac{s}{(p - p_c)^{-1/\sigma}} \right\}^{\sigma} = (p - p_c)s^{\sigma}$$

にのみ依存すると仮定する，すなわち，$f(x)$ をスケーリング関数として

$$\frac{n_s(p)}{n_s(p_c)} = f((p - p_c)s^\sigma) \tag{3.20}$$

を要請する．これより (3.19) 式を用いると，クラスターの数は

$$n_s(p) \propto s^{-\tau} f((p - p_c)s^\sigma) \tag{3.21}$$

のように表すことができる．実際，臨界点近傍のクラスターの数が，このようにスケールされることが計算機実験で確かめられている[2]．

なお，ベーテ格子の場合は，クラスターの数の分布を解析することにより，$\sigma = 1/2$, $\tau = 5/2$, $f(x) = \exp(-Cx^2)$ $(C = \kappa^3/2(\kappa - 1))$ であることが示されている[3]．

(3.21) 式から，クラスターの数の分布について，任意の次数のモーメントを求めることができる．実際，k 次モーメントは

$$M_k = \sum_s s^k n_s \propto \int s^k s^{-\tau} f((p - p_c)s^\sigma)\, ds \tag{3.22}$$

で与えられるから，積分変数を s から $x = |p - p_c|s^\sigma$ に変換して

$$M_k \propto |p - p_c|^{(\tau - k - 1)/\sigma} \int x^{-\tau/\sigma} f(x)\, dx$$
$$\sim |p - p_c|^{(\tau - k - 1)/\sigma} \tag{3.23}$$

を得る．この式は，クラスターの分布の k 次モーメントの臨界指数が $(\tau - k - 1)/\sigma$ であることを意味しており，$k = 0, 1, 2$ とおくことにより

$$2 - \alpha = \frac{\tau - 1}{\sigma} \tag{3.24}$$

$$\beta = \frac{\tau - 2}{\sigma} \tag{3.25}$$

$$\gamma = -\frac{\tau - 3}{\sigma} \tag{3.26}$$

が導かれる．

これらの式から τ, σ を消去すれば，(3.17) 式のスケーリング則 $\alpha + 2\beta + \gamma = 2$ が導かれる．3 個の臨界指数が独立ではないことを示すスケーリング則が成り立つのは，クラスターの数の臨界的な振る舞いが 2 個のパラメータ

τ と σ で特徴づけられるので，それらで表される 3 個の臨界指数に関係式が存在することになるからである．

　次に，ハイパースケーリング則を考察しよう．ハイパースケーリング則を理解するためには，臨界点近傍におけるクラスターの構造の情報が必要となる．まず，臨界点 $p = p_c$ においては，無限に大きなクラスターが出現しているはずであり，L^d の領域内（d は空間の次元数）にあるそのクラスターに属す格子点の数を L^D と表す．浸透確率は任意の格子点が無限に大きなクラスターに属す確率であるから $P(p_c) = L^D/L^d = L^{D-d}$ である．図 2.8 で見たように，L が十分大きいときは $P(p_c) = 0$ となるはずだから，$D - d < 0$ が成立する．

　一般に，次元 d の空間の中にある物体が，端から端までの長さが L で，物体の量が L^D と表されるとすると，通常の物体では $D = d$ が成り立つ．上のように $D < d$ となる物体を**フラクタル**といい[4]，D を**フラクタル次元**という．

　そこで，クラスターのフラクタル構造に着目して，臨界指数とフラクタル次元の関係を考察する．大きさ s のクラスターを特徴づける長さ ξ_s を，クラスター内の 2 つの格子点の位置 $\boldsymbol{r}_i, \boldsymbol{r}_j$ の間の距離をクラスター内のすべての格子点について平均した量で定義する．

$$\xi_s^2 = \frac{1}{2}\sum_{i,j}\frac{|\boldsymbol{r}_i - \boldsymbol{r}_j|^2}{s^2} \tag{3.27}$$

クラスターの中心の位置 $\boldsymbol{r}_0$ を

$$\boldsymbol{r}_0 = \sum_i \frac{\boldsymbol{r}_i}{s} \tag{3.28}$$

で定義すると，容易に示せるように，特徴的な長さ ξ_s は，中心からクラスター内の各格子点までの距離の 2 乗の平均で表すこともできる．

$$\xi_s^2 = \sum_i \frac{|\boldsymbol{r}_i - \boldsymbol{r}_0|^2}{s} \tag{3.29}$$

相関距離は，任意に選んだ格子点が属しているクラスターの特徴的な長さの2乗の平均で定義する．つまり，任意の格子点が大きさ s のクラスターに属す確率 sn_s とクラスターの大きさ s の積である $s \cdot sn_s$ を重みとして，ξ_s^2 を平均した量

$$\xi^2 = \frac{\sum\limits_s \xi_s^2 s^2 n_s}{\sum\limits_s s^2 n_s} \tag{3.30}$$

で相関距離 ξ が定義される．さらに，クラスターがフラクタル次元 D をもつフラクタルであると仮定し，ξ_s と s が

$$\xi_s \sim s^{1/D} \tag{3.31}$$

の関係を満たすものとしよう．

これより，モーメントの定義 (3.22) 式を用いると，

$$\xi^2 = \frac{M_{2 + 2/D}}{M_2} \tag{3.32}$$

と表すことができ，これに (3.23) 式を代入すると

$$\xi^2 = \frac{|p - p_{\mathrm{c}}|^{(\tau - 3 - 2/D)/\sigma}}{|p - p_{\mathrm{c}}|^{(\tau - 3)/\sigma}} = |p - p_{\mathrm{c}}|^{-2/\sigma D} \tag{3.33}$$

となるから，相関距離 ξ の臨界指数 ν が

$$\nu = \frac{1}{\sigma D} \tag{3.34}$$

で与えられることがわかる．

以上の結果を用いて，ハイパースケーリング則を導くことができる．d 次元空間の L^d の領域内において，$p \sim p_{\mathrm{c}}$ のときの最大クラスター $s_{\max}$ を考えてみよう．

$L \gg \xi$ のときは，フラクタル次元 D のフラクタル構造をもつものと考えているから

$$s_{\max} \sim L^D$$

である．また，$L \ll \xi$ のときは，L^d の領域内の格子点で最大となるクラス

ターに属す格子点の数は，浸透確率 $P(p)$ と L^d の積で与えられるから

$$s_{\max} \sim P(p)L^d$$

となる．

$L \sim \xi$ のときは両者が同程度の量になるはずであるから，$P(p) \sim (p - p_c)^\beta$ を用いて

$$\xi^D \sim (p - p_c)^\beta \xi^d$$

が成り立つ．相関距離は $\xi \sim (p - p_c)^{-\nu}$ と表されるから

$$(d - D)\nu = \beta$$

すなわち，(3.34) 式を用いると

$$d\nu - \beta = D\nu = \frac{1}{\sigma}$$

であり，さらに (3.25), (3.26), (3.17) 式を用いて，最終的にハイパースケーリング則

$$d\nu = 2\beta + \gamma = 2 - \alpha \tag{3.35}$$

が導かれる．この式は，系の空間次元と臨界指数が関係づけられることを示している．

§3.3　繰り込み群の方法

　臨界点近傍のスケーリング理論では，占有確率 p が臨界浸透確率 p_c に近づくにつれ，クラスターの大きさを測る単位を適当に大きくとれば，クラスターの大きさの分布が同じ関数になるということを用いた．これは，大きくとったクラスターの単位を新たな要素と考えると，元の系を粗視化したことに相当する．

　考えている系の長さのスケールを変えて粗視化し，元の系と同じ構造の系を構築する操作を，**繰り込み変換**という．このとき，系を特徴づけるパラメータの変換性から臨界点や臨界指数が直接求められることが Wilson によって示され[5]，この方法を**繰り込み群の方法**とよぶ．

　繰り込み群の方法を用いて，パーコレーション過程の臨界浸透確率（臨界点）や臨界指数を求めてみよう．議論を見通しよくするために，正方格子上の各格子点がランダムに確率 p で要素で占有されるパーコレーション過程を考えて，元の格子の $b \times b$ の格子点を 1 つの格子点と見なす繰り込み（粗視化）を行う．繰り込まれた格子点が繰り込まれた要素で占有される確率 $p'(p)$ を，元の $b \times b$ の格子が上下，あるいは左右方向に要素のつながりを生じる確率として定義する．

　例として，$b = 2$ の場合を考えよう．2×2 の格子点上の要素の配置は $2^4 = 16$ 通りある．図 3.2 のように，上下方向，左右方向に必ずつながりがあるのは図 3.2(a), (b) であり，それぞれ確率 $p^4, 4p^3(1 - p)$ で出現する．一方，図 3.2(c) の 4 種類の配置は確率 $4p^2(1 - p)^2$ で出現するが，上下または左右のどちらかにのみ つながりがあるだけであり，つながりを伝播させる効率は低くなる．図 3.2(a), (b) の場合は，繰り込まれた格子点が占有されていると考えてよい．図 3.2(c) の場合は，つながりをどちらかの方向にしか伝播させないので，繰り込まれた占有確率を1/2と仮定する．他の

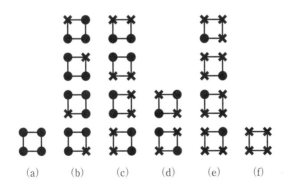

　　(a)　　(b)　　(c)　　(d)　　(e)　　(f)

図 3.2　正方格子上の 2×2 の格子点がとり得るすべての状態．(a), (b) の状態では，上下，左右方向につながりがあり，つながりをどちらの方向にも伝播させることができるが，(d) 〜 (f) の状態は，上下あるいは左右方向のどちらの方向にもつながりを伝播させることができない．(c) に示す 4 つの状態は，上下あるいは左右どちらかの方向にのみつながりを伝播させることができる．

(d), (e), (f) の場合はつながりが伝播されないので, 繰り込まれた格子では占有されることはないと考える.

そこで, 繰り込まれた格子点の占有確率 $p'(p)$ として, それぞれの構造が出現する確率とつながりを伝播させる確率の積の和

$$p'(p) = p^4 + 4p^3(1-p) + \frac{1}{2}4p^2(1-p)^2 = p^2(2-p^2) \quad (3.36)$$

を採用する.

図3.3に, $p'(p)$ の p 依存性を示す. ここで, 繰り込まれた格子点の占有確率が元の格子の占有確率より大きい $p'(p) > p$ の場合は, 繰り込みを繰り返すと占有確率が1に近づくことに注意しよう. また, $p'(p) < p$ の場合は, 繰り込みを繰り返すと占有確率がゼロに近づく. 繰り込み変換を繰り返し行ったときに収束する点を, 繰り込み変換の**安定固定点**という.

一方, 繰り込まれた格子点の占有確率 (3.36) と傾き 1 の直線との交点, すなわち $p'(p) = p$ を満たす占有確率では, 繰り込まれた格子でも同じ占有確率に保たれる. しかし, その点からごくわずかずれるだけで, 繰り込みの流れは全く別の安定固定点に向かうことになるので, この点を**不安定固定点**とよぶ. そして, 臨界点は繰り込み変換の流れが分岐する不安定固定点に

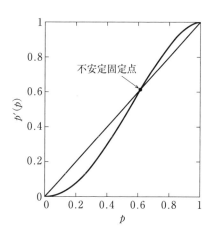

図3.3 繰り込まれた格子点の占有確率 (3.36) を, 元の格子点の占有確率 p の関数として示す. 傾き 1 の直線との交点が不安定固定点である.

対応し，臨界浸透確率は

$$p_c = p_c^2(2 - p_c^2)$$

の解

$$p_c = \frac{\sqrt{5} - 1}{2} \simeq 0.618 \tag{3.37}$$

で与えられる．この値は，計算機シミュレーションで求められている $p_c = 0.593$ の良い近似値になっている．

　臨界指数は，繰り込み変換の不安定固定点近傍での振る舞いから求めることができる．元の格子点の相関距離を ξ，繰り込まれた格子の相関距離を ξ' としよう．$b \times b$ の格子点を1つの格子点とする繰り込み変換を行うと，長さは $1/b$ 倍になる．$p \neq p_c$ のときに繰り込み変換を行うと，転移点から遠ざかることになるので，繰り込まれた格子での相関距離 ξ' は短くなり，元の格子の相関距離 ξ の $1/b$ 倍になる．

$$\xi' = \frac{\xi}{b}$$

　臨界点の近傍で相関距離は，臨界指数 ν を用いて $\xi \sim |p - p_c|^{-\nu}$ と表され，繰り込まれた格子でも $\xi' \sim |p' - p_c|^{-\nu}$ と表されるから，

$$b|p' - p_c|^{-\nu} = |p - p_c|^{-\nu} \tag{3.38}$$

の関係が成り立つ．両辺の対数をとり，ν を求めると

$$\nu = \frac{\log b}{\log \left| \dfrac{p'(p) - p_c}{p - p_c} \right|} \tag{3.39}$$

となり，したがって

$$p'(p) = p_c + \left. \frac{dp'(p)}{dp} \right|_{p = p_c} (p - p_c)$$

と展開すると，1次の導関数を用いて

$$\nu = \frac{\log b}{\log \left. \dfrac{dp'(p)}{dp} \right|_{p = p_c}} \tag{3.40}$$

と表される.

(3.36) 式では,

$$\frac{dp'(p)}{dp} = 4p(1 - p^2)$$

であり, p_c における微係数は $dp'(p_c)/dp = 4p_c(1 - p_c^2) = 6 - 2\sqrt{5}$ だから, 臨界指数として

$$\nu = \frac{\log 2}{\log(6 - 2\sqrt{5})} \sim 1.635$$

を得る. この値は, 2 次元格子の推定値 4/3 より少し大きいだけである.

繰り込み変換の流れから直接に臨界指数が決められるという事実は, 繰り込み群の方法が統計力学の新しいパラダイムになっていることを示すものである.

§3.4 次元不変量

前節で考察した臨界指数は, 格子の種類によらず, 空間の次元数のみで決まるというユニバーサリティ (次元普遍性) をもっている. 一方, 臨界浸透確率は, 表 2.2 に示したように格子の種類に強く依存しているが, ある規則性をもっている.

まず, 表 2.2 に示したボンド過程の臨界浸透確率を p_c^b と表し, その格子の配位数 z についての依存性を見るために, 臨界浸透確率を配位数の逆数 z^{-1} に対して図示すると, 図 3.4 のように, 2 次元格子, 3 次元格子それぞれで近似的に直線になる. すなわち, 臨界浸透確率が配位数の逆数に比例した $p_c^b \propto z^{-1}$, あるいは $z p_c^b = $ 定数 が成り立っており, その定数は, 2 次元格子, 3 次元格子それぞれで 2.0 ± 0.2, 1.5 ± 0.1 と推定される. したがって,

$$z p_c^b = \begin{cases} 2.0 \pm 0.2 & \text{(2 次元格子)} \\ 1.5 \pm 0.1 & \text{(3 次元格子)} \end{cases} \tag{3.41}$$

とまとめることができる[6].

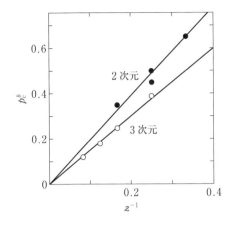

図 3.4 ボンド過程の臨界浸透確率 p_c^b の配位数の逆数 z^{-1} 依存性. 次元ごとに, ほぼ直線になっている.

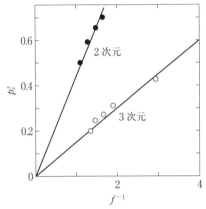

図 3.5 サイト過程の臨界浸透確率 p_c^s の充填率の逆数 f^{-1} 依存性. 次元ごとに, ほぼ直線になっている.

サイト過程に対しては, 表 2.2 に示した格子の充填率 f が重要な役割をする. 表 2.2 のサイト過程の臨界浸透確率を p_c^s と表し, 各格子について p_c^s をその格子の充填率の逆数 f^{-1} に対してプロットすると, 図 3.5 のようになる. それぞれの次元で近似的に直線的になっており, $p_c^s \propto f^{-1}$ すなわち $f p_c^s =$ 定数 が近似的に成り立つ. 図 3.5 より, その定数は 2 次元格子, 3 次元格子それぞれで 0.45 ± 0.03, 0.16 ± 0.02 と推定される. すなわち,

$$f p_c^s = \begin{cases} 0.45 \pm 0.03 & (2\,次元格子) \\ 0.16 \pm 0.02 & (3\,次元格子) \end{cases} \tag{3.42}$$

とまとめることができる[7].

(3.42) 式の左辺は，明確な物理的意味をもつことに注目しよう．占有率と充填率の積は，その占有率で分布した要素が占めている空間の割合を示す．したがって，fp_c^s はちょうど要素間のつながりが無限に大きくなりはじめるときに，その要素が占めている空間の割合を表す．2 次元の平面においては，$A_c \equiv fp_c^s$ を**臨界浸透面積分率**とよび，3 次元の空間においては，$V_c \equiv fp_c^s$ を**臨界浸透体積分率**とよぶ．

臨界浸透面積分率や臨界浸透体積分率は格子の種類によらないことから，空間内に乱雑に置かれた要素についても概ね成り立つことが期待される．実際，平面上においては，つながりをつくる要素の占める面積の割合が A_c を超えると，また 3 次元空間においては，つながりをつくる要素の占める体積の割合が V_c を超えると，要素のつながりが無限に広がることが確かめられている．ここで注意すべき点は，充填率が互いに接する円板あるいは球を用いて定義されているので，要素が占めている領域と占めていない領域が非対称的になっていることである．

平面をデタラメに 2 つの領域に分けたとき，片方の領域のつながりが無限に広がっているなら，他の領域の広がりは有限にとどまるから，臨界浸透面積分率は 50 ％以下にはならない．(3.42) 式の臨界浸透面積分率が 50 ％より小さいのは，円板を用いて充填率が定義されているので，つながりをつくる要素の占める領域と占めていない領域が非対称的であるからである．

(3.42) 式によれば，3 次元空間の臨界浸透体積分率は 16 ％であり，ちょうど要素が無限に広がりかけたときにも，要素に占められていない空隙が 84 ％存在し，空隙の方も無限に広がっていることになる．このような構造を**双連結構造**とよぶ．第 4 章で示すように，双連結構造を利用した道具や工業技術の例は枚挙に暇がない．

サイト過程の臨界浸透確率に対しては，別の次元不変量が知られている．通常のパーコレーション過程では，最近接格子点の間にボンドがあり，格子

点に置かれた要素の中でボンドで結ばれている要素間につながりがあると考えた．格子点間のボンドを，第2近接格子点以内，第3近接格子点以内，あるいは一般的に第 n 近接格子点以内のように遠くまで存在する場合を考えると，臨界浸透確率は n が増加するにつれて減少する．

　第 n 近接格子点以内にボンドがあるとき，1つの格子点から出ているボンドの数を $m(n)$ とする．例えば，正方格子では，最近接格子点の間にのみボンドがある場合は $m(1) = 4$ であり，第2近接格子点内の格子点の間にボンドがある場合は $m(2) = 8$ であり，n が増加すると m も増加する．三角格子の場合，$m(1) = 6$, $m(2) = 12$ である．

　図3.6に，ボンドが第 n 近接格子点以内にあり，1つの格子点から出るボンドの数が m のときの臨界浸透確率 $p_c(m)$ の m^{-1} 依存性をいろいろな格子について示す．臨界浸透確率 $p_c(m)$ は，m が大きいところで，次元ごとに1つの直線に漸近し，$p_c(m) \propto m^{-1}$ あるいは $m\,p_c(m) =$ 定数 と表すことができる．この定数は，2次元の格子では4.5，3次元の格子では2.8になることが示されている．すなわち，

$$m\,p_c(m) = \begin{cases} 4.5 & （2次元格子） \\ 2.8 & （3次元格子） \end{cases} \tag{3.43}$$

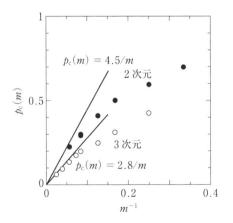

図 **3.6**　1つの格子点から出るボンドの数 m の逆数の関数として，サイト過程の臨界浸透確率 $p_c(m)$ を示す．ボンドの数の大きいところで直線 $p_c(m) \propto m^{-1}$ に漸近し，その比例定数を臨界浸透ボンド数とよぶ．

と表される．この左辺の量 $m\,p_c(m)$ は，臨界点において，1つの格子点から出ているつながりを形成しているボンドの数を表しており，**臨界浸透ボンド数**とよばれる[6]．

臨界浸透ボンド数は，格子の種類にはよらず，次元だけで決まっているので，要素が連続空間内にランダムに分布する場合にも適用できる．すなわち，1つの要素から，平均して臨界浸透ボンド数以上のつながりが形成されていれば，要素のつながりは無限に広がることになる．

§3.5　回転楕円体分散系のパーコレーション

前節で見た，臨界浸透面積分率や臨界浸透体積分率が格子の形には依存せず，ほぼ空間次元だけで決まっているという結論は，極めておおざっぱな推論に基づくものあり，その応用については注意が必要である．ここでは，パーコレーション過程を特徴づける臨界浸透体積分率などが要素の形状に依存する例として，空間に分散された剛体の回転楕円体分散系のパーコレーションをとり上げよう．

いま，回転楕円体の回転軸に垂直な回転半径を a，回転軸方向の長軸の半分を b とし，体積 $v \equiv (4\pi/3)a^2 b$ を一定に保って，回転楕円体の球からのずれを表すアスペクト（形状）比[*2] $\alpha \equiv b/a$ をパラメータとした，いろいろな形状の楕円体のパーコレーションを考える．ここでは，$b > a$ の偏長楕円体とする（図 3.7(a)）．

まず，回転楕円体を与えられた空間内にランダムに充填した構造をつくる．このときの空間の体積を V，楕円体の数を N とすると，楕円体の充填率 f は $f = Nv/V$ で与えられる．次に，$p\,(0 < p < 1)$ をパラメータとし，pN 個の楕円体をランダムに選び，その選んだ楕円体の中で互いに接する

---

*2　この章では，アスペクト比を表す記号として α を用いるが，臨界指数とは無関係である．

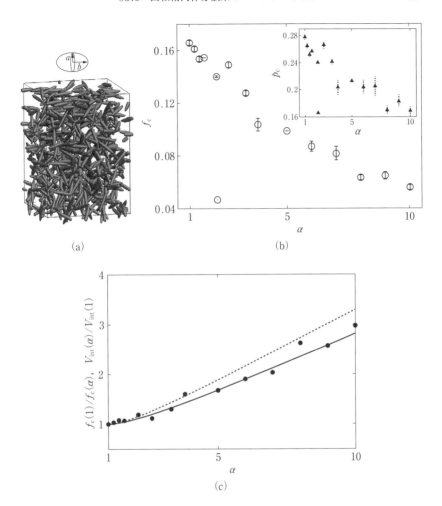

(a)　　　　　　　　　　　　　　　　(b)

(c)

図3.7　回転楕円体分散系のパーコレーション過程の特徴.
（a）　回転楕円体を分散させた系．互いに接する楕円体のつながりを考える.
（b）　偏長回転楕円体の臨界浸透体積分率のアスペクト比依存性.
（c）　臨界浸透体積分率の逆数 $f_c(1)/f_c(\alpha)$ のアスペクト比依存性（黒点）と有効体積 $V_{int}(\alpha)/V_{int}(1)$．点線は有効体積として排除体積を用いた場合，実線は有効体積として表面の回転半径と表面積の積を用いた場合．後者は，臨界浸透体積分率の逆数と良い一致を示す.

（S. Akagawa and T. Odagaki : Phys. Rev. **E76**（2007）051402 による）

ものをつながったと考える．そして，互いにつながった楕円体のクラスター
が無限に広がるかどうかを調べる．無限に広がったつながりができはじめる
ときの選ばれた楕円体の割合 p_c，およびその楕円体が占める臨界浸透体積
分率 $f_c = f p_c$ を求め，アスペクト比 α の関数として示したのが図 3.7(b) で
ある[8]．この図から，アスペクト比が大きくなると，臨界浸透体積分率が
減少することがわかる．すなわち，厳密な意味においては，臨界浸透体積分
率は次元不変量ではないことを意味している．

　回転楕円体は互いに重ならないものと仮定されているので，1 つの楕円体
の周りに他の楕円体の重心を配置できない領域があり，その領域を**排除体積**
とよぶ．楕円体がつながりを形成するときには，楕円体の周りの排除体積を
含めた領域が有効なはたらきをする．そこで，楕円体の周りにつながりを形
成する有効領域を考え，その体積を $V_{\mathrm{int}}(\alpha)$ で表す．転移点のところでその
有効領域が占める臨界浸透体積分率 $f_c(\alpha) \times V_{\mathrm{int}}(\alpha)$ がほぼ一定になると，
$f_c(\alpha) \times V_{\mathrm{int}}(\alpha) = f_c(1) \times V_{\mathrm{int}}(1)$ が成り立ち，書き換えると，$V_{\mathrm{int}}(\alpha)/V_{\mathrm{int}}(1)$
$= f_c(1)/f_c(\alpha)$ となることが予想される．

　実際，有効領域として排除体積をとった場合と，表面の回転半径と表面積
の積をとった場合について $V_{\mathrm{int}}(\alpha)/V_{\mathrm{int}}(1)$ と $f_c(1)/f_c(\alpha)$ の α 依存性を図
3.7(c) に示す．どちらの有効体積をとった場合も，$V_{\mathrm{int}}(\alpha)/V_{\mathrm{int}}(1)$ は $f_c(1)$
$/f_c(\alpha)$ と良い相関を示し，特に表面の回転半径と表面積で定義した有効体
積を用いると $V_{\mathrm{int}}(\alpha)/V_{\mathrm{int}}(1) = f_c(1)/f_c(\alpha)$ が成り立っている[8]．

　臨界浸透体積分率がアスペクト比に依存することは，逆にアスペクト比を
コントロールしてつながり具合をコントロールできることを意味しており，
機能性材料の設計などに応用されることが期待できる．

　アスペクト比がゼロの極限では，回転楕円体は太さのない針になり，針を
2 次元平面内に分散させた系のパーコレーション過程も詳しく調べられてい
る．太さのない針をランダムに分散し，重なった針がつながったと考え，針
のつながりが無限に広がる数密度により，**臨界浸透密度**を定義する．長さ l

の針 n 本を，$L \times L$ の空間（周期境界条件を課す）に分散させたとき，被覆率 η を $\eta = nl^2/L^2$ で定義すると，臨界浸透密度に対応する被覆率 η_c が

$$\eta_c = 5.6372858(6) \tag{3.44}$$

になることが示されている[9]．すなわち，長さ l の針を，l^2 の N 倍の面積 Nl^2 の平面内に分散させるとき，およそ $5.64N$ 本の針を分散させると，重なった針のつながりが無限に大きなクラスターをつくることになる．

§3.6 イジングスピン系のパーコレーション

通常考えられるパーコレーション過程では，つながりを形成する要素を完全にランダムに空間内に分布させる．一方，実際の応用においては，要素間に相互作用がある場合もあり，要素の分布は必ずしも完全にランダムであるとは限らない．この節では，そのような系の例として**イジングスピン系**をとり上げよう．

イジングスピン系は，上向き，下向き 2 方向のみをとることができるスピンの集団である．各格子点に置かれたスピンの系は，エネルギー

$$H = -J\sum_{\langle i,j \rangle} \sigma_i \sigma_j - h\sum_i \sigma_i \tag{3.45}$$

をもつと仮定する．ここで，$\sigma_i = \pm 1$ は，スピンの向きを表すパラメータで，J はスピン間の交換相互作用，h は外部磁場を表す．また，第 1 項の和は，最近接格子点対についてとる．$\sigma_i = 1$ のスピンをつながりをつくる要素として，最近接格子点を占める 2 つの $\sigma_i = 1$ のスピンが互いにつながると仮定し，互いにつながった $\sigma_i = 1$ のつくるクラスターが，温度および外部磁場の変化と共にどのように振る舞うかを考察する[*3]．

$\sigma_i = 1$ で占められている格子点の数は $\sum_i (\sigma_i + 1)/2$ で与えられるから，

---

*3 このモデルは，$n_i = (\sigma_i + 1)/2$ という新しい変数を考えると，$\sigma_i = 1(n_i = 1)$ を格子点に粒子がある状態，$\sigma_i = -1(n_i = 0)$ を格子点が空である状態に対応させることができ，統計力学における**格子気体モデル**と等価である．

その密度あるいは平均の占有率は全格子点数を N として

$$\rho = \frac{1}{N} \frac{\sum_i (\sigma_i + 1)}{2} \tag{3.46}$$

で与えられる．系が温度 T の熱浴に接しているとすると，このモデルは臨界温度 $k_B T_c / J = 2/\log_e(\sqrt{2} + 1)$ 以下で相分離を起こし，密度の高い状態と密度の低い状態の共存領域になる．

　一方，外部磁場をゼロに保って高温にすると，スピンの向きを乱雑にしようとするエントロピーの効果が優勢となって，平衡状態では $\sigma_i = 1$, $\sigma_i = -1$ のスピンが同程度出現し，各格子点の占有率は $\rho = 0.5$ となる．すなわち，この状態では占有率が臨界浸透確率 $p_c = 0.592745$ より低く，$\sigma_i = 1$ のクラスターの大きさは有限に留まる．外部磁場を $h \geq 0$ に保って大きくしていくと，平衡状態で $\sigma_i = 1$ のスピンの割合が増加し，やがて占有率 ρ が臨界浸透確率を超えると，無限に大きなクラスターができる．

　温度を高温から下げると，同種スピン間の引力の効果が顕著になり，$\sigma_i = 1$ のスピンの隣には同じプラスのスピンが存在する確率が増して，プラスのスピンのクラスターが大きくなる．温度を $T = \infty$ から下げると，臨界浸透確率は $p_c = 0.592745$ から減少し，$T = T_c$ において $p_c = 0.5$ になることが知られている．すなわち，つながりをつくる要素間に引力がはたらいており，(3.45) 式の相互作用の場合は，温度が下がるとクラスターが広がりやすくなることを意味している[10]．

　3次元単純立方格子のシミュレーションによれば，臨界浸透確率は温度と共に減少し，臨界密度より低い密度で**共存線**（密度の高い相と低い相が共存する線）にぶつかる．その密度 p_c^* と高温の極限における臨界浸透確率との比は，$p_c^*/p_c(T = \infty) \sim 0.6$ である．この結果は，熱力学的には一様と考えられる臨界点より上の温度の状態で，つながりの観点から見れば，無限に広がったクラスターが存在するか否かによって構造を特徴づけられることを意味している．さらに，クラスターの構造は，スピンの熱運動によって時々

刻々変化しており，その時間変化がどのように物性に反映されるのかを明らかにすることは今後の課題である.

ベーテ格子上のイジング系のパーコレーション過程では，厳密な解析により，プラスのスピンの密度が ρ のとき，1つのプラスのスピンの隣が，さらにプラスのスピンである確率 η は

$$\eta = 1 - \frac{2(1-\rho)}{1 + \sqrt{1 + 4\rho(1-\rho)\left\{\exp\left(\frac{4J}{k_{\mathrm{B}}T}\right) - 1\right\}}} \tag{3.47}$$

で与えられる．§2.4のベーテ格子の議論では，各格子点は確率 p で要素で占有され，要素で占有された格子点の隣の格子点が，さらに要素で占有される確率は，同じ p で与えられた．イジングスピン系の場合は，(3.47) 式の η が§2.4の p の役割をするから，配位数 $\kappa + 1$ のベーテ格子の臨界浸透確率 ρ_{c} は，$\eta = 1/\kappa$ を満たす密度で与えられる．したがって，臨界浸透確率は

$$\rho_{\mathrm{c}}(T) = \frac{\kappa}{2\kappa - 1 + (\kappa - 1)^2 \exp\left(\frac{4J}{k_{\mathrm{B}}T}\right)} \tag{3.48}$$

という温度依存性をもつ．この式は，同種スピン間に引力がはたらく $J > 0$ の場合だけでなく，斥力がはたらく $J < 0$ の場合にも成り立つ[11].

図3.8に，臨界浸透確率の温度依存性を示す．正方格子や単純立方格子のシミュレーションの結果と同様に，引力がはたらく場合，低温ほどクラスターが広がりやすく，臨界浸透確率は温度の増加関数となる．一方，斥力がはたらく場合は，温度が下がると隣り合うプラスのスピンの数が減少し，臨界浸透確率は温度の減少関数となる.

この結果は，つながりをつくる要素の密度が一定でも，要素間に相互作用があればクラスターのでき方が異なることを意味しており，§3.4で見た次元不変量は厳密には成り立たないことになる．また，臨界浸透確率がどのように要素間の相互作用に依存するかは，モデルに強く依存することを強調しておく．実際，Duckers と Ross[12] によって示されたように，1つの要素の

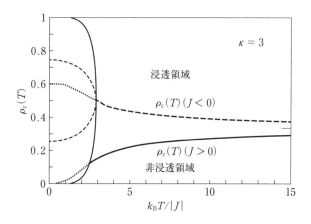

図 3.8 ベーテ格子上のイジングスピン系の，プラスのスピンの臨界浸透確率の温度
依存性．厳密解を $\kappa = 3$ について示す．スピン間の相互作用が引力の場合 ($J > 0$)
は温度の増加関数，斥力の場合 ($J < 0$) は減少関数となっている．
(T. Odagaki : Prog. Theor. Phys. **54** (1976) 1076 による)

隣に来る確率をある割合 F で増加 ($F > 1$) させると，臨界浸透確率は，
F が小さいときは減少するが，$F = 4$ 程度で最小となり，さらに F が大き
くなると増加する．

§3.7 動的過程 I ── 古典的過程 ──

ここまででは，要素間のつながりの物理的実体には触れずに，例えば隣接格
子点を占めているという幾何学的な特徴にのみ着目してつながりを定義して
きたが，つながりに沿って運動する物理的実体を考え，その物体の運動の特
徴からつながりを論じることもできる．

まず，古典物理学に従う物体として，ランダムウォークする粒子を考えよ
う．ランダムウォークでは，粒子は滞在することのできる空間内の点の上を
ランダムに移動し，粒子のいる場所は確率的に決まるので，その分布関数の
時間発展によって運動が記述されることになる．

時刻 $t = 0$ において位置 $\boldsymbol{s}_0$ を出発した粒子が，時刻 t において位置 $\boldsymbol{s}$ に

存在する確率を $P(\boldsymbol{s}, t|\boldsymbol{s}_0, 0)$ としよう．そして，確率 $P(\boldsymbol{s}, t|\boldsymbol{s}_0, 0)$ の時間発展を，**マスター方程式**とよばれる

$$\frac{\partial P(\boldsymbol{s}, t|\boldsymbol{s}_0, 0)}{\partial t} = \sum_{\boldsymbol{s}'} \{w_{\boldsymbol{s}, \boldsymbol{s}'} P(\boldsymbol{s}', t|\boldsymbol{s}_0, 0) - w_{\boldsymbol{s}', \boldsymbol{s}} P(\boldsymbol{s}, t|\boldsymbol{s}_0, 0)\} \quad (3.49)$$

で記述する．この式の左辺は粒子が位置 $\boldsymbol{s}$ にいる確率の時間変化率を表しており，それが右辺第1項の別の点からの確率の流入と，第2項のその点からの確率の流出の差で与えられることを示している．右辺の形は，確率の保存 $\sum_{\boldsymbol{s}} P(\boldsymbol{s}, t|\boldsymbol{s}_0, 0) = 1$ が常に成り立つことを保証している．

パーコレーション過程は，単位時間に粒子が $\boldsymbol{s}'$ から $\boldsymbol{s}$ にジャンプする**ジャンプ率** $w_{\boldsymbol{s}, \boldsymbol{s}'}$ に適切な関数を用いることによって記述できる．サイト過程では，2種類の格子点があると考え，粒子が存在できる格子点の割合を p，粒子が存在できない格子点の割合を $1 - p$ とし，ジャンプ率として

$$w_{\boldsymbol{s}, \boldsymbol{s}'} = \begin{cases} w_0 & (\boldsymbol{s} \ \text{と} \ \boldsymbol{s}' \ \text{が共に粒子が存在できる格子点のとき}) \\ 0 & (\text{それ以外}) \end{cases}$$

$$(3.50)$$

を採用すればよい．

また，ボンド過程では，粒子が通過できるボンドと通過できないボンドをランダムに配置すればよいから，ジャンプ率の分布関数として

$$P(w_{\boldsymbol{s}, \boldsymbol{s}'}) = p\delta(w_{\boldsymbol{s}, \boldsymbol{s}'} - w_0) + (1 - p)\delta(w_{\boldsymbol{s}, \boldsymbol{s}'}) \quad (3.51)$$

を採用すればよい．ここで，$\delta(x)$ はディラックの δ 関数であり，各ボンドは確率 $1 - p$ で切れていることになる．この定式によるボンド過程の解析によると，振動数に依存する移動度などが臨界浸透確率のところで特異な振る舞いをする[13]．

次に，空間内を運動する粒子，流体あるいは波を用いたパーコレーション過程を考えよう．この方向の研究は今後の課題であるが，いくつかの例を挙げておく．

まず，ニュートン力学に従う粒子は，粒子のもつ運動エネルギーより位置

エネルギーが大きい領域には進入できない. そこで, 空間内に位置エネルギーがゼロの領域と位置エネルギーが無限に大きな領域を, 前者の割合を p, 後者の割合を $1-p$ となるようにランダムに配置する. 位置エネルギーがゼロの領域を出発した粒子は, p が 1 に近いときはほぼ確実に無限の彼方まで運動できるが, p がある臨界値以下になると, 無限の彼方に到達できる確率がゼロとなる.

また, 拡散方程式に従う流体も考えることができる. この場合は, 空間内に p の割合で拡散係数が ある有限の値をもつ領域があり, $1-p$ の割合で拡散係数がゼロの領域があると考え, $t=0$ に原点を出発した流体が無限の彼方まで到達できる確率を用いて, パーコレーションを論じることができる[14]. 実際の流体の流れを考えるときは, 流体の粘性や表面張力, さらに流れを阻害する物体と流体との相互作用を詳しく知る必要があり, さらに空隙の大きさを考慮に入れた取り扱いが必要となる.

電磁波の伝播を用いてパーコレーションを定式化することもでき, この場合は, 真空領域と金属領域を考えればよい. 実際の電磁波の伝播には, 金属領域の表皮効果を考慮に入れる必要がある.

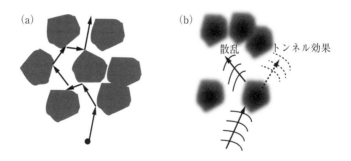

図 3.9 動的なパーコレーション過程の模式図.
 (a) 古典的過程では, 粒子または波が運動できる空間が限られる.
 (b) 量子的過程では, ド・ブロイ波の散乱による局在やトンネル効果による透過がある.

　図 3.9(a) に，ランダムなポテンシャルの中の古典的粒子の運動を模式的に示す．

§3.8 動的過程 II —— 量子的過程 ——

　運動する物理的実体として，古典力学ではなく量子力学に従う粒子を考えることもできる．この定式によるパーコレーション過程を**量子パーコレーション**とよぶ．

　高さに空間的揺らぎのあるポテンシャルをもつシュレディンガー方程式で記述される，粒子の拡散を考えることもできるが，ここでは通常の格子上のパーコレーションとの対応を見やすくするために，格子点上に局在する**ワニアー関数**（周期結晶中の粒子を記述する関数で，各格子点に局在し，正規直交系になる関数）からつくられる**強結合ハミルトニアン**（格子点に局在した粒子の波動関数を用いて，周期結晶内の粒子を記述するハミルトニアン）を考えよう．

　格子点 s に局在するワニアー関数を $|s\rangle$，粒子のサイトエネルギーを ϵ_s，s と s' の間のトランスファエネルギーを $v_{s,s'}$ とし，強結合ハミルトニアン

$$H = \sum_s |s\rangle \epsilon_s \langle s| + \sum_{s \neq s'} |s\rangle v_{s,s'} \langle s'| \tag{3.52}$$

で記述される粒子を考える．右辺第 1 項は格子点に局在する粒子のエネルギーを表し，第 2 項は粒子が格子点から隣接する格子点に移動することによって生じるエネルギーを表す．このとき，時刻 $t = 0$ において s_0 にいた粒子の時刻 t における波動関数は $e^{iHt/\hbar}|s_0\rangle$ で表され，したがって，その粒子が時刻 t において s にいる確率 $P(s, t|s_0, 0)$ は，

$$P(s, t|s_0, 0) = |\langle s|e^{iHt/\hbar}|s_0\rangle|^2 \tag{3.53}$$

で与えられる．

　通常のパーコレーション過程と同様に，量子パーコレーション過程においても，サイト過程とボンド過程を定義することができる．つながりが最近接

格子点間にのみ存在する場合，(3.52) 式の $v_{s,s'}$ は，s と s' が最近接格子点対ではないときにゼロと仮定する．サイト過程では，$v_{s,s'} = v$（s と s' が最近接格子点）とし，さらに ϵ_s が確率 p でゼロ，確率 $1-p$ で無限大になる（粒子が存在できない）ように

$$P(\epsilon_s) = p\delta(\epsilon_s) + (1-p)\delta(\epsilon_s - \infty) \tag{3.54}$$

に従って分布させる．一方，ボンド過程ではすべての格子点において $\epsilon_s = 0$ とし，最近接格子点対の間の $v_{s,s'}$ が確率 p で v，確率 $1-p$ でゼロとなる（粒子が通過できない）ように

$$P(v_{s,s'}) = p\delta(v_{s,s'} - v) + (1-p)\delta(v_{s,s'}) \tag{3.55}$$

に従って分布すると仮定する．

　パーコレーションの判定には，通常の不規則系で生じる**アンダーソン局在**の判定法を用いることができる．すなわち，粒子が十分に時間が経った後に出発した点の近傍にいれば，その点の近くに局在していると考える．物理的には，(3.53) 式を用いて，$P(s_0, t|s_0, 0)$ を評価すればよい．時間が十分に経ったときに $P(s_0, t \to \infty|s_0, 0) \neq 0$ の場合は，粒子は出発点近傍に留まっていることになり，$P(s_0, t \to \infty|s_0, 0) = 0$ の場合は，粒子は無限の彼方に拡散することになる．近似的な議論になるが，ハミルトニアン (3.52) の固有状態の広がりから，局在を判定することもできる．

　量子パーコレーション過程の臨界浸透確率は，通常のパーコレーション過程の臨界浸透確率より大きくなり，3 次元単純立方格子では

$$p_c = 0.33 \tag{3.56}$$

となることが知られている．また，2 次元格子の場合，波動関数の局在状態が，指数関数的に減衰する状態からベキ関数的状態に変化する点があることが知られている．

　粒子の運動が量子力学に従う場合，図 3.9(b) に示したように，2 つの効果が存在する．1 つは，経路が幾何学的につながっていても，粒子は散乱されて狭い所を通過できなくなって，波動関数が局在する効果である．これは，

ランダムポテンシャルによるアンダーソン局在の効果である．量子力学に従う粒子の運動でもう1つの重要な効果は，**トンネル効果**である．古典力学に従う粒子では進入が禁止される，粒子のもつエネルギーより高いポテンシャルの領域を，量子力学に従う粒子はトンネル効果によって透過できる．

上で述べた量子パーコレーションの定式で，$\epsilon_s = \infty$ や $v_{s,s'} = 0$ は，古典粒子の場合と対応させるために，無限に高いポテンシャルの壁を仮定したものである．実際の物質に応用する場合，ポテンシャルの壁は有限の高さであることも多く，古典力学に従う粒子には透過できない領域でも量子力学に従う粒子は透過することができる．これらの量子力学に従う粒子の運動で見られる2つの効果は，臨界浸透確率に次のような逆の影響を与える[15]．

前者の局在効果により，量子力学に従う粒子の臨界浸透確率は古典力学に従う粒子のものより大きくなる．一方，後者のトンネル効果は，古典的に透過できない場所を透過させるので，臨界浸透確率を下げる効果がある．浸透理論をコンポジット系やランダム系の物性の理解に応用するときに，実験から想定される臨界浸透確率が通常のパーコレーション過程の臨界値とずれることがある場合，これらの量子効果によることも考慮に入れた考察が必要となる．

臨界指数について，多くの研究結果が報告されているが，値のばらつきが大きく，確定的な値は今後の研究を待たなければならない[16]．

§3.9 ソフトパーコレーション

パーコレーションを動的に定義することによって，さらに汎用性の高い形で定式化できる．通常のパーコレーション過程では，2つの要素間のつながりは，それらの間の距離によって，あるかないかのどちらかに限られている．一方，例えば伝染病の伝播などを考えると，伝播する確率，すなわち，つながりができるかできないかは，2つの要素の間の距離が短ければつながりやすく，長ければつながりにくくなり，距離の関数となっているはずである．

そこで，要素間のつながりの強度が距離に依存する，古典力学に従う粒子の
パーコレーション過程を次のように定義する.

§3.7で定義したのと同様に，時刻 $t = 0$ において位置 s_0 を出発した粒子
が，時刻 t において位置 s に存在する確率を $P(s, t|s_0, 0)$ とし，その確率が
従うマスター方程式を，(3.49) 式を一般化した

$$\frac{\partial P(s, t|s_0, 0)}{\partial t} = \sum_{s'} \{w(|s - s'|)P(s', t|s_0, 0) - w(|s - s'|)P(s, t|s_0, 0)\}$$

(3.57)

で表す. ここで s は，粒子が滞在できる空間内にランダムに配置した点であ
り，$w(|s - s'|)$ は，単位時間当たりに s にある粒子が s' にジャンプする割
合である.

ソフトパーコレーション過程では，通常 $w(|r|)$ は，有限の範囲をもつ
$|r|$ の減少関数とする. 最もよく用いられる関数 $w(|r|)$ は

$$w(|r|) = \begin{cases} w_0\left(1 - \dfrac{|r|}{R}\right)^{\alpha} & (|r| \leq R \text{ のとき}) \\ 0 & (|r| > R \text{ のとき}) \end{cases}$$

(3.58)

である. ここで，α は $w(|r|)$ の減衰の仕方を特徴づけるパラメータである.

3次元空間にランダムに配置した点の密度を ρ とし，その無次元化した量
を $B \equiv 4\pi\rho R^3/3$ で定義すると，臨界浸透密度は α に依存せず，$B_c = 2.8$ と
なることが知られている[17], [18]. この値は，§3.4で見た次元不変量の1つで
ある3次元の臨界浸透ボンド数に対応している.

一方，臨界指数はモデルのパラメータ α に依存し，ユニバーサリティーが
破れる. 平均2乗変位 $\langle r^2(t) \rangle$ に着目し，出発点を無限に大きなクラスター
内の点にとったときの平均2乗変位から

$$\langle r^2(t) \rangle_{\infty} = t^{2/d_w}$$

(3.59)

によって，**拡散指数** d_w を定義する. この拡散指数は，拡散する粒子が時間
と共にどのように広がっていくかを特徴づける指数である.

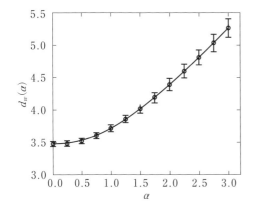

図 3.10 ソフトパーコレーション過程の拡散指数 d_w の α 依存性. (Y. Hara and T. Odagaki: J. Phys. Soc. Jpn. **69** (2000) 3315 による)

コンピューターシミュレーションで求められた, ソフトパーコレーション過程の拡散指数 d_w の α 依存性を図 3.10 に示す[18].

問 　題

1. 2次元正方格子のサイトパーコレーション過程において, 3×3の領域を1個の格子点とする繰り込み変換を, §3.3の方法で行え. 上下および左右両方向につながりのある場合に繰り込まれた格子点が占有されているとする変換, および, 上下あるいは左右片方につながりがあれば繰り込まれた格子点が占有されているとする変換, それぞれについて繰り込み変換の関数を求め, 臨界浸透確率 p_c および臨界指数 ν を求めよ.

2. $\kappa = 2$ および $\kappa = 4$ のベーテ格子上のイジングモデルについて, $+1$ スピンの臨界浸透確率の温度依存性を求め, 図示せよ.

参 考 文 献

[1] A. Margolina, H. Nakanishi, D. Stauffer and H. E. Stanley: J. Phys. **A17** (1984) 1683.

[2] D. Stauffer and A. Aharony: *Introduction to Percolation Theory* (Revised

2nd Edition)", (Taylor & Francis, Ltd. London, 1991);(邦訳)小田垣 孝 訳：
「パーコレーションの基本原理」(吉岡書店, 2001)

[3] 小田垣 孝：「パーコレーションの科学」(裳華房, 1993)

[4] B. B. Mandelbrot：*The Fractal Geometry of Nature*, (Freeman, San Francisco, 1982)

[5] A. P. Young and R. B. Stinchcombe：J. Phys. **C8** (1975) L535.

[6] N. W. Dalton, C. Domb and M. F. Sykes：Proc. Phys. Soc. **83** (1964) 496; C. Domb and N. W. Dalton：Proc. Phys. Soc. **89** (1966) 859.

[7] H. Scher and R. Zallen：J. Chem. Phys. **53** (1970) 3759.

[8] S. Akagawa and T. Odagaki：Phys. Rev. **E76** (2007) 051402.

[9] S. Mertens and C. Moore：Phys. Rev. **E86** (2012) 061109.

[10] T. Odagaki, N. Ogita and H. Matsuda：J. Phys. Soc. Jpn. **39** (1975) 618.

[11] T. Odagaki：Prog. Theor. Phys. **54** (1976) 1076.

[12] L. J. Duckers and R. G. Ross：Phys. Lett. **A49** (1974) 361.; L. J. Duckers： Phys. Lett. **A67** (1978) 93.

[13] T. Odagaki and M. Lax：Phys. Rev. **B24** (1981) 5284.

[14] B. Buhai, A. Kühnle and R. Kimmich：N. J. Phys. **7** (2005) 157.

[15] K. C. Chang and T. Odagaki：Phys. Rev. **B35** (1987) 2598.

[16] I. Travěnec：Int. J. Mod. Phys. **B22** (2008) 5217.

[17] U. Alon, A. Drory and I. Balberg：Phys. Rev **A42** (1990) 4634.

[18] Y. Hara and T. Odagaki：J. Phys. Soc. Jpn. **69** (2000) 3315.

第 4 章

パーコレーションの応用

　1957 年に，物理学の問題としてパーコレーション過程が定式化されて以来，パーコレーションモデルは素粒子物理学から宇宙物理学に至るまで，ほぼすべてのスケールの現象に応用されている．この汎用性は，パーコレーション理論が"つながり"という，スケールに依存しない概念に基づく理論だからである．この章では，パーコレーション理論の様々な応用例を紹介する．

§4.1 テントウムシの点の数

§1.1 で見たテントウムシの点の数を，パーコレーションの考え方に基づいて考察してみよう．よく見かけるテントウムシは，オレンジ色の背中に7個の黒い点のあるナナホシテントウである．点の数を増やしていくと，黒い点が互いにつながり，やがて黒色の背中にオレンジ色の点のある模様になる．問題は，何個くらいの点の数で地色が入れ替わるのかということである．

話を進めるために，半径 R の円板の中に，半径 r の円形の黒い点が，ランダムに N 個描かれているとしよう．黒点間に重なりがないものとすると，黒い点が全体に占める面積分率 A は，黒点の占める面積 $N\pi r^2$ を円板の面積 πR^2 で割った

$$A = \frac{N\pi r^2}{\pi R^2} = \frac{Nr^2}{R^2} \tag{4.1}$$

で与えられる．§3.4 で見た臨界浸透面積分率は $A_c = 0.45$ だから，$r =$ 1 mm, $R = 5$ mm とすると，ちょうど地模様が入れ替わる黒点の数は11個程度と見積もることができる．実際，ジュウニホシテントウは，地模様の色を判断しづらい（図 4.1）．点の半径が半分の $r =$ 0.5 mm になり，面積が4倍になると，地模様が入れ替わり，点の数は4倍の45個程度になる．

図4.1 ジュウニホシテントウ（黒地紅星）.

§4.2 双連結構造の応用

§3.4 で見たように，3次元連続空間を2種類の物質でランダムに埋め尽くすと，それらの割合が16％から84％の広い範囲において，それぞれの物質が無限につながった**双連結構造**が実現される．この事実は，多くの道具

や技術で応用されており，そのいくつかを紹介する．

朱肉のいらない印鑑

紙に押しつけるだけで押印できる朱肉のいらない印鑑は，実印などの公式の印鑑としては使えないが，それでも，はんこ社会の日本においては大変便利なものである（図 4.2）．印字面を形成するゴムは，押しつけても形が崩れないような強度をもっており，さらに，印鑑の奥にあるインク吸蔵部からインクが滲み出てくる必要がある．そして，そのために

図 4.2 朱肉のいらない印鑑．

は，ゴムは十分な強度をもつ多孔質で，空隙が印鑑の前面と後面の間でつながっている必要がある．

朱肉のいらない印鑑の印字部とベース部はゴムでできており，そのゴムの製造過程で塩の微粒子が混ぜられる．ベース部には粒径 0.25 mm 以下の水溶性塩，印字部には粒径 0.1 mm 以下の水溶性塩が混ぜられ，成型した後に，循環する湯の中におよそ 20 時間漬けて塩を流出させることで，空隙のつながった朱肉のいらない印鑑ができる．

インクは，ベース部の後に置かれており，押印するとその圧力で空隙を通って印字面に出てくる仕掛けになっている．混在させる塩の粒径を変えることによって空隙の大きさが，また混ぜる塩の量によって空隙率がコントロールされている．さらに，インクは流体であり，その粘性と表面張力がインクの流動性に重要な役割をし，最適な硬さ，インクの出る量と継続使用できることなどを満たす最適な双連続構造が実現され，印字面の強度が保たれて，かつインクが必ず滲み出る構造になっている．

セラミックスのフィルター

図 1.2 に示したセラミックスのフィルターは，堅固な陶器でできた碗であ

図 4.3　植木鉢から下に出ている黒い部分が陶器でできた多孔質の揚水棒（商品名：スイスイ）で，水を吸い上げて上の植木鉢に給水する．（写真は有限会社 久保田稔製陶所による）

るが，水を注ぐと碗を抜けて水が下に通り抜ける．

　この碗は，陶土の中にアルミナの粉末を混ぜて，その間の空隙率がおよそ 45 ％になるようにし，窯で焼くときにアルミナ部分を溶出させて双連結構造となるように作製され，陶器としての強度を保ちつつ，水が通り抜ける構造になっている．コーヒーフィルターとして販売されているだけでなく，同じ手法で作られた陶器の棒が，毛細管現象を利用した揚水棒として販売されている（図 4.3）．

ポーラスアスファルト

　近年の舗装道路は，雨が降っても水たまりができない．このような道路は，適当な大きさの砂利を強くつなぎ止め，かつ空隙率を増して，透水性をもつようにしたポーラスアスファルトで舗装されている．物質部分が十分な強度を保つつながりがあり，かつ水を透過させる空隙をもたせることができるのは，臨界体積分率が低いからである．ポーラスアスファルトの下に不透水層を置いて，雨水を舗装内を通して排水溝に流す構造のものは排水性舗装とよばれ，ポーラスアスファルトから直に路床に雨水を浸み込ませる構造のものは透水性舗装とよばれている．

　現在用いられているポーラスアスファルトでは，骨材の最大粒径は

図 **4.4**　通常の舗装（左）とポーラスアスファルトを用いた排水性舗装（右）の比較.
（一般社団法人 日本アスファルト協会のホームページによる）

13 mm もしくは 20 mm が使用され，空隙率は 20 ％前後のものが用いられている[1]. 図 4.4 に，従来の舗装とポーラスアスファルト舗装の水の透過性の違いを示す.

ポッツオ

　イタリアのベニスは，アドリア海のラグーンに浮かぶ 100 を超える小さな島から成る古い都市である．海に囲まれているので，地下水は塩分を含み，飲むことができない．ベニスの街には，迷路のようにつながった細い道路の交わるところに多くの広場があり，その真ん中に，図 4.5(a) のようにポッツオとよばれる井戸が造られている.

　これは，雨水を飲料水として利用するために，広場の下に雨水を貯水する仕組みである．図 4.5(b) のように，およそ厚さ 10 cm の粘土でできた壁で仕切られた広場には砂と小石が敷き詰められ，雨水はすべて四隅に造られている集水口からその地下に流れ込むようになっている．また，広場は石畳による舗装が施されて，普通の広場として利用されている．砂と小石は，通常の石畳の舗装を支えるだけの強度をもち，かつ水を浄化するはたらきもしている．ポッツオの中に大量の水を蓄えられるのは，3 次元空間の双連結構造が可能だからである.

　ベニスはラグーンの上に造られた都市であるが，およそ 6000 個あるポッツオによって，十分な真水を蓄えた街になっていた.

(a)

(b)
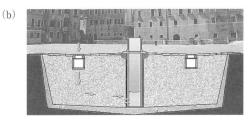

図4.5 ポッツオとその構造
 (a) ベニスの広場に造られているポッツオ. 左下に集水口が見える.
 (b) ポッツオの断面図の模式図.
  (Marrabbio 2：Venetian water well system による)

§4.3 材料設計への応用

4.3.1 絶縁体 – 金属転移

つながりが重要な役割を担う典型的な問題は，絶縁体粒子と金属粒子の混合系の性質である. 金属球とガラス球をランダムに混ぜた系を模式的に示した図4.6について考えると，金属の割合が少ない間は電極間に電流は流れず絶縁体となるが，互いに接触した金属粒子のつながりが上下の電極の間にできると電流が流れ，系は金属と見なせる. 金属球とガラス球を混ぜて実験することは原理的には可能であるが，接触した金属球同士の間の抵抗を小さくすることが難しく，理想的な振る舞いを実現するのは難しい.

絶縁体と金属の混合系は，機能性物質の開発の中でいろいろと研究されてきた. 例えば，絶縁体の Al_2O_3 に金属の Co 微粒子（粒径 $2 \sim 3\,\mathrm{nm}$）を分

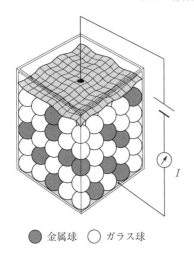

● 金属球 ○ ガラス球

図 4.6 金属球とガラス球をランダムに詰めた系．上端と下端の電極間に電圧を掛けたとき，電流は金属球のつながり方で決まる．

散させた系では，等方的に加えた圧力によって金属微粒子間の距離を減少させたときに，絶縁体 - 金属転移が観測される．粒径 2 〜 3 nm の Co 微粒子を，その表面間の平均距離が 1 nm 程度以下になるように分散させた系の電気抵抗は，次頁の図 4.7 のような圧力依存性を示す[2]．圧力を加えることによって，金属微粒子間の距離が短くなり，微粒子間の電子の移動が可能となって電気抵抗が減少するので，この転移は量子パーコレーション過程として理解できるものと考えられている．

金属微粒子（クラスター）を基板に蒸着させた系では，その被覆率 p を増加させると，面内の電気伝導度 σ は

$$\sigma \propto (p - p_c)^\mu \qquad (p \geq p_c)$$

のように振る舞い，絶縁体 - 金属転移を示すことが知られている．図 4.8 は，Co 微粒子を非金属性基板に蒸着させた系の面内の電気伝導について，p_c と臨界指数 μ の微粒子サイズ依存性を示している[3]．p_c は，微粒子の大きさに依存せずにほぼ一定であるが，臨界指数 μ は微粒子の大きさに依存している．この結果は，§3.9 で述べたソフトパーコレーション過程として理解できることが示されている[3]．

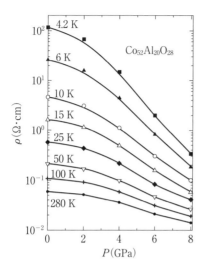

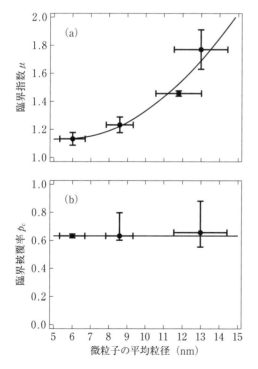

図 4.7　Al_2O_3 中に Co 微粒子を分散させた系の電気抵抗の圧力依存性．低温では極端な減少が見られ，絶縁体 - 金属転移が起こっている．
(S. Kaji, G. Oomi, M. Hedo, Y. Uwatoko, S. Mitani, K. Takanashi, S. Takahashi and S. Maekawa：J. Phys. Soc. Jpn. **74** (2005) 2783 による)

図 4.8　Co 微粒子を蒸着した系の電気伝導度を特徴づける μ（図(a)）と p_c（図(b)）の微粒子サイズ依存性．(S. Yamamuro, K. Sumiyama, T. Hihara and K. Suzuki：J. Phys. Soc. Jpn. **68** (1999) 29 による)

4.3.2 異方導電フィルム

　液晶ディスプレイ（LCD）パネルの電極と駆動回路の接続には，各基板に存在する電極間ピッチ（数十 μm）の短い多くの電極の間を同時に接続する必要があり，異方導電フィルム（ACF）が用いられる．図 4.9(a) のように，導電性の微粒子（金属微粒子か金属メッキした樹脂粒子）を分散させたフィルムを 2 つの基板の間に置き，加圧・加熱によって回路を接着すると同時に，電極間を導電粒子で電気的に接続させる．このとき，z 軸方向にのみ金属微粒子がつながり，x，y 面内にはつながりが生じないことが必要になる．

　異方導電フィルム内に分散される導電性微粒子の体積分率は，§3.4 で示した臨界浸透体積分率 16 ％ より十分小さく，かつ電極の間には必ず導電粒子が存在する体積分率で分散させることが必要である．図 4.9(b) は，平均粒径 5 μm の Ni 粒子を分散させたスチレン‐ブタジエン系接着剤フィルム

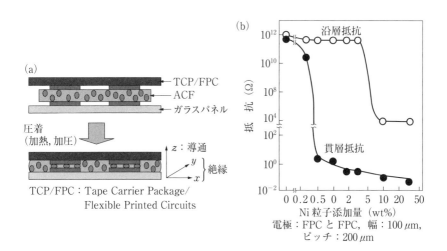

図 4.9　異方導電フィルムの構造と特性．
　(a)　異方導電フィルムによる基板上の電極間接続の原理．
　(b)　電極貫層方向（接続電極方向）および電極沿層方向（電極隣接方向）の抵抗値
　　　を Ni 粒子の体積分率の関数として示す．
　　　（山口 豊，塚越 功，中島敦夫：サーキットテクノロジ，**4** (1989) 362 による[4]）

を2枚の電極間に挿入し，加圧・加熱したときの接続電極の方向（z軸方向）
と電極隣接方向（x軸方向）の抵抗値（貫層抵抗と沿層抵抗）を，添加され
た Ni 粒子の体積分率の関数として示したものである．電極の幅 $100\,\mu m$，電
極間ピッチ $200\,\mu m$，基板の幅 $8\,mm$ である．Ni 粒子の体積分率が $1\sim5\,\%$
のところで，明確に異方性電導が実現されていることがわかる．

§4.4 放電現象

電流が関わるパーコレーション過程の例として，放電現象を考える．2つ
の電極間にかけられた電位差を大きくしていくと，ある電圧を超えたときに
誘電破壊が起こり，電極に貯まった電荷が一気に流れて，放電が生じる．こ
れは，雷放電やスパークプラグ中の放電などでも見られる現象である．放電
現象は様々なスケールで起こるが，放電経路の枝分かれ構造や迂回経路の存
在など，スケールに依存しない特徴が見られる．

この特徴を理解するために，極板間の空間をセルに分割し，各セルが電離
状態か非電離状態のどちらかの状態をとるものとする．さらに，セル間に抵
抗が存在するとし，系の電気的特徴を抵抗網とよばれる回路で記述する（図
4.10(a)）．セル間の抵抗は，両端が電離した状態にあるときにのみ伝導的で
あるとし，それ以外の場合は非伝導的であるとする．各セルの電位は，回路
方程式から決定し，各セルはそのセルの電場の大きさの2乗に比例した確率
でイオン化されて，電離状態になると仮定する．コンピューターシミュレー
ションで求められたこのモデルの放電の構造では，図 4.10(b) のように実
際の放電経路の特徴が再現されることが示されている[5]．

放電経路のつながりの解析も行われており，放電は電離したセルのクラス
ターが大きく成長するところより早く起こることが示されている[6]．

放電過程では，つながりを形成する電離したセルが，それ自身の空間的配
置で決まるので，一種の**自己組織化**（要素間の相互作用によって自発的に空
間構造を形成する現象）と考えられ，流体が多孔性物質に浸み出していく浸

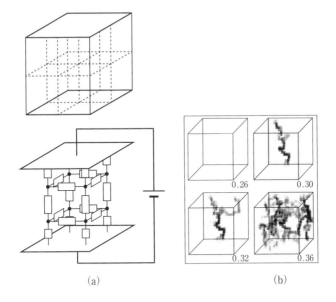

図 4.10 放電現象の電気回路モデルと放電経路.
(a) 放電現象を理解するための電気回路（抵抗網）のモデル.
(b) 電離状態のセルの割合が増加すると，電極間に，分岐や
迂回路をもつ放電経路ができる.
（A. Sasaki, Y. Kishimoto, E. Takahashi, S. Kato, T. Fujii and
S. Kanazawa：Phys. Rev. Lett. **105**（2010）075004 による）

潤過程に用いられる**インベージョンパーコレーション**[7]とは異なった過程
である.

§4.5 火災と燃焼

　1932 年の関東大震災や 1995 年の阪神淡路大震災では，地震による建物崩
壊に加えて，発生した火災が広範囲に延焼し，大きな人的被害をもたらした.
最近では，2016 年 12 月に発生した新潟県糸魚川市の大火災では，1 軒の
中華料理店から出火した火災により，約 40,000 m² が焼失した. アメリカの
カリフォルニア州やオーストラリアでは，毎年のように森林火災が発生し，

大きな損害を出している.

　このような都市や森林の火災は，平面に並んだ可燃物（可燃家屋や樹木）と，延焼限界距離（火災が直接移り得る最長距離）より短い距離に位置する可燃物の間の火災の伝播と考えることができる[8].　最も簡単なモデルとして，可燃物が正方格子の格子点上に密度 p で存在するとし，隣接する可燃物間の火災の伝播確率を b としよう.　完全に格子点が可燃物で埋められている $p = 1$ の場合，伝播確率 b が正方格子のボンド過程の臨界浸透確率 $b_c = 0.5$ より小さいと，1ヶ所で生じた火災が全体に広がることはない.　また，可燃物間の距離が短く，常に火災を隣に伝播させる $b = 1$ の場合も，可燃物で占める格子点の割合が正方格子のサイト過程の臨界浸透確率 $p_c = 0.59$ より小さいと，1ヶ所で生じた火災が全体に広がることはない.

　実際の都市では，p や b の値が独立に変化するので，ボンド過程とサイト過程が存在することになり，火災の広がり方を議論するには図4.11のような p–b 面上のボンド–サイト過程の相図を考える必要がある.　実線で示す境界線は，ボンド–サイト過程のパーコレーション転移線である[9].　この境界線より右上側では，1ヶ所で発生した火災が全体に広がる可能性が高く，左下側では火災が全体に広がることはない.　都市や果樹園がちょうど図

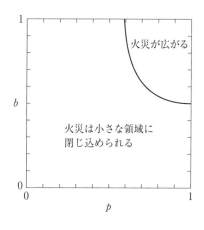

図4.11　ボンド–サイト過程の相図.都市火災の延焼を防ぐためには，p, b を小さくして，境界線の左下側の領域に来るような都市計画が必要である.

4.11 の境界線近くにあると，1ヶ所で発生した火災は，多くの迂回路を通って広がることになり，全体に広がるまでに長い時間がかかることになる．

　都市計画では，p を下げるために，公園や掘り割りが造られている．また，b を下げるために，建ぺい率を制限することが多い．また昔は，隣り合う町屋の間に "うだつ" を設け，類焼を防ぐ工夫がされていた．

　糸魚川市の火災では，最大瞬間風速 27.2 m/s の強い南風が吹き，b が大きくなると共に，隣接する建物だけでなく，遠くの建物にも類焼し，火災の伝播が速まった．

　実際の都市火災を理解するためには，その都市に合った火炎影響距離や可燃物の空間配置などの詳しい情報を用いたモデル化が必要であるが，火災という様々な状況で起こる現象の普遍的な側面は，上で説明した考え方で捉えられていると考えてよい．

　火が燃え移るという現象は，原子レベルでいえば可燃性物質の酸化現象であり，燃焼現象の理解に，原子レベルのスケールで考えた上記のモデルを適用することができる．実際，燃料液滴の燃焼においては，着火した液滴の火炎が別の液滴に伝播して，群燃焼が起こると理解されている[10]．

§4.6　伝染病とスーパースプレッダー

　病気が，感染した人間や動物から他の人間や動物に伝染し，その感染が全体に広がると大きな社会問題となる．1 人の人が伝染病に感染し，それが他の人に伝染して，伝染病が広範囲の社会全体に広がる（**パンデミック**とよばれる）かどうか，すなわち伝染病が蔓延するか否かが問題となる．2003 年にシンガポールで蔓延した重症急性呼吸器症候群（SARS）では，特に感染力の強い感染者（**スーパースプレッダー**）がいたことが示されている．伝染病が蔓延する条件やスーパースプレッダーの役割を，ソフトパーコレーションモデルを用いて解析してみよう．

　ある伝染病に対して，未感染者 (S)，感染者 (I)，免疫保持者 (R) から成

る社会を考える．伝染病が，感染者から距離 r にいる未感染者に伝染する
確率を

$$
w(r) = \begin{cases} w_0\left(1 - \dfrac{r}{r_{\max}}\right)^2 & (0 \le r \le r_{\max} \text{ のとき}) \\ 0 & (r_{\max} < r \text{ のとき}) \end{cases} \tag{4.2}
$$

と仮定する．感染力は距離と共に減少し，$r_{\max}$ が最大感染距離である．

　スーパースプレッダーは，通常の人の感染距離 r_0 より長い感染距離 αr_0
をもつものと仮定する（α はモデルのパラメータであり，以下では $\alpha = \sqrt{8}$
として解析する）．w_0 は感染率で，ここでは w_0^{-1} を時間の単位にとる．ま
た，感染者は一定の速さ γ で回復し，免疫保持者になるとする．系は，周
期境界条件を満たす $L \times L$ $(L = 10r_0)$ の平面の下端に 1 人の感染者を置
き，残りの $N-1$ 人をランダムに配置する．感染の可能性がある人に (4.2)
式に従って感染させ，すでに感染している人は確率 γ で治癒させる．

　与えられた人口密度 $\rho = N/L^2$ の社会で伝染病がどのように広がるかを，
モンテカルロ法を用いて調べた結果を図 4.12 に示す．（a）はスーパース
プレッダーがいない場合で，伝染が途中で終息しているのに対して，（b）は
20 ％のスーパースプレッダーがいる場合で，感染が蔓延する，すなわちパー
コレートすることがわかる．

　図 4.13(a) に，様々なスーパースプレッダーの濃度に対して，浸透確率の
人口密度依存性を示す．浸透確率が急激に変化するところが臨界浸透密度で
あり，スーパースプレッダーの割合が多いほど，臨界浸透密度は低くなる．
臨界浸透密度のスーパースプレッダー濃度依存性を図 4.13(b) に示す．

　このモデルでスーパースプレッダーの割合が 40 ％のときに求めた 2 次感
染者数の時間依存性（感染曲線）は，シンガポールの SARS の感染曲線と
よく一致することが示されている[11]．

　うわさやデマの拡散は，物理的にみれば，伝染病の伝播と同じ問題である．
1 人の人が 2 次元の臨界浸透ボンド数 4.5 人（(3.43) 式）以上の人にうわさ

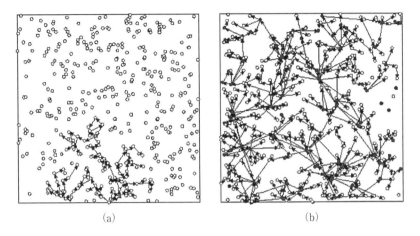

(a)　　　　　　　　　　　　　　　　　(b)

図4.12　伝染病の広がり．下端の中央の人が感染した病気が伝染した経路を矢印で示す．
　(a)　この人口密度の場合，スーパースプレッダーがないと，伝染病は終息する．
　(b)　20 % の人がスーパースプレッダー（黒丸）の場合，同じ密度でも伝染病が蔓延
　　　する（$\alpha = \sqrt{8}$）．

（R. Fujie and T. Odagaki：Physica. **A374**（2007）843 による）

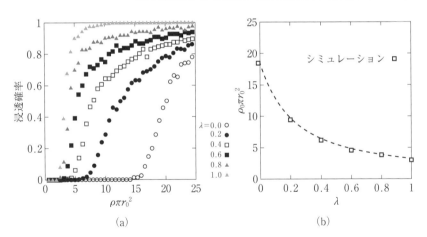

(a)　　　　　　　　　　　　　　　　　(b)

図4.13　パンデミックのソフトパーコレーションモデルにおける
　　　スーパースプレッダーの効果．
　(a)　浸透確率の人口密度・スーパースプレッダー濃度依存性．
　(b)　臨界浸透密度のスーパースプレッダー濃度依存性．
　（R. Fujie and T. Odagaki：Physica. **A374**（2007）843 による）

やデマを伝えると，社会全体に拡散する．"町の広告塔" のようなおしゃべりな人がいると，その人はスーパースプレッダーの役割をして，情報を速く，広く拡散させることになる．

§4.7　集団免疫の閾値

　2019 年 11 月に中国で発生した新型コロナウイルスによる感染症（COVID-19）は，2020 年 8 月 1 日現在，世界において 1760 万人以上が感染しており，世界各国で人と人の接触を減らし，感染者を隔離して，収束に向かわせる努力が続けられている．一方，インフルエンザなどの感染症は，すでに感染して自然免疫を獲得した人やワクチンの接種で免疫を獲得した人の割合が，ある閾値以上になれば，集団免疫により蔓延することはなくなることが知られている[12]．この集団免疫が成り立つための閾値は，ウイルスの感染力が強い，あるいは感染者が感染力をもっている期間に接触する人の数が多いと高くなる．集団免疫閾値を，パーコレーションの考え方から求めてみよう．

　ある人が感染し，感染力をもっている間に接触する人の数を n，その中の免疫をもっている人の数を n_i とすると，感染させられる可能性のある未感染者の数は $n - n_i$ で与えられる．感染者が感染させる人数が，(3.43) 式に示した 2 次元の臨界浸透ボンド数 4.5 以下であれば，感染症は蔓延しない．すなわち，2 人が接触したときに相手を感染させる感染確率を β とすると，

$$\beta(n - n_i) = 4.5 \tag{4.3}$$

が集団免疫の閾値の条件となる．したがって，集団免疫率の閾値 p_c は

$$p_c = \left(\frac{n_i}{n}\right)_c = 1 - \frac{4.5}{\beta n} \tag{4.4}$$

で与えられる．

　閾値 p_c の β，n の依存性を図 4.14 に示す．接触する人数が平均 50 人とすると，感染力の比較的強い $\beta = 0.5$ の場合は $p_c = 82\,\%$，比較的弱い $\beta = $

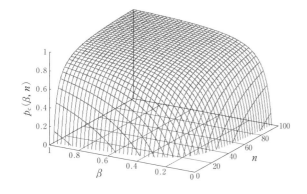

図 4.14 感染症のパーコレーションモデルによる集団免疫率の閾値 p_c の β, n 依存性.

0.2 の場合は $p_c = 55\%$ となる.

§4.8 時間変動する構造内の拡散

　通常のパーコレーション過程は，空間内に配置された要素のつながりを考え，§3.7 で述べた動的な定式化においても，要素は空間に固定されていた．一方，実際の応用では，配置された要素の構造が時間的に変動するものも多い．

　時間的に変動する構造の中を移動する粒子（**キャリアー**とよぶ）として，次のようなモデルを考える[13]．いま，2 次元正方格子およびその単位胞と同じ大きさの板（細胞とよぶ）を考え，細胞間の相互作用エネルギーは引力的であり，

$$E = -J\sum_{\langle ij \rangle} n_i n_j \tag{4.5}$$

で与えられるものとする．n_i は，格子点 i に細胞があれば $n_i = 1$，なければ $n_i = 0$ となる変数であり，$J\,(> 0)$ は細胞間の相互作用定数である．（このモデルは，59 頁の脚注に示したように，§3.6 で述べたイジングモデルと等価な格子気体モデルである．）和 $\langle ij \rangle$ は，最近接格子点の対についてとる．

　系は温度 T の熱浴に接しているものとし，細胞はその温度における平衡分布をしているものとする．細胞は，**Metropolis の方法**[14] に従って，格子

上をランダムウォークする．一方，キャリアーは細胞の上をランダムウォークし，隣に細胞が接していれば，その細胞にも移動できるものとする．このとき，細胞に乗っているキャリアーは，細胞内をランダムウォークすると共に，細胞間を移動 することになる．したがって，細胞のつながった道筋がなくても，キャリアーは遠くまで移動できる（運ばれる）ので，通常の意味では常にパーコレートしていることになる．

　そこで，系の性質を，正方格子の下端にある細胞上に置かれたキャリアーが，はじめて上端に到達するまでの時間である初到達時間によって特徴づけることにする．正方格子の横方向には周期境界条件を課す（図 4.15(a)）．すべての細胞がランダムウォークの試行をしたとき，単位の時間（1 モンテカルロステップ（MC））が経過するとし，1 MC の間にキャリアー自身が行うランダムウォークの回数を m とすると，系を特徴づけるパラメータは温度，細胞の密度（細胞が占めている格子点の割合）ρ および m になる．

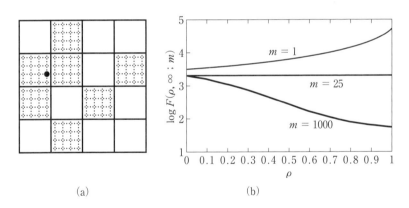

(a)   (b)

図 4.15 拡散する細胞上のキャリアーのランダムウォーク．
(a) 正方格子上を動く細胞に乗って移動するキャリアー（黒点）．キャリアーも細胞内でランダムウォークする．
(b) $T = \infty$ の完全にランダムな場合の初到達時間の密度依存性．$m = 1, 25,$ 1000 について示す．

(Y. Imoto and T. Odagaki：in *Diffusion Fundamentals II* eds. S. Brandani, C. Chmelik, J. Kaerger and R. Volpe（Leipziger Universitätsverlag, 2007), p. 132. による)

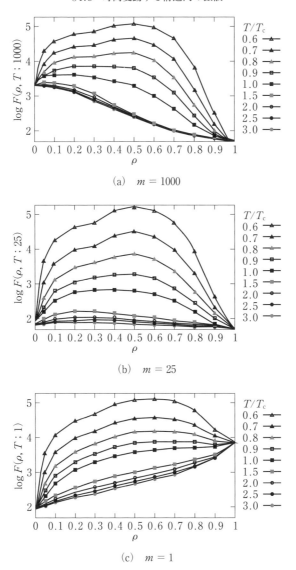

(a) $m = 1000$

(b) $m = 25$

(c) $m = 1$

図 4.16 初到達時間の温度 – 密度依存性．（Y. Imoto and T. Odagaki：in "*Diffusion Fundamentals II*" eds. S. Brandani, C. Chmelik, J. Kaerger and R. Volpe（Leipziger Universitatsverlag, 2007), p. 132. による）

　細胞の密度が低い $\rho \sim 0$ のところでは隣り合う細胞はないので，キャリアーは最初に置かれた細胞から出ず，その細胞内でランダムウォークするだけであり，遠くへの移動はキャリアーが乗っている細胞の拡散によってのみ可能となる．一方，すべての格子点が細胞で埋め尽くされている $\rho = 1$ のときは細胞は動くことはできないが，キャリアーはそれ自身のランダムウォークで細胞をまたがって移動でき，上端に到達する．図 4.15(b) は，細胞が完全にランダムに分布する $T = \infty$ のときの $m = 1, 25, 1000$ の場合について，初到達時間の密度依存性を示す．

　図 4.16 は，$m = 1000$，$m = 25$，$m = 1$ の場合の，初到達時間の温度‐密度依存性を示したものである．中間領域の密度では初到達時間が長くなり，キャリアーの上下方向の移動が遅くなることを示している．これは，複雑な構造をした細胞のクラスターがたくさんでき，キャリアーの上向きの移動がかなり制限されていることを示している．

問　　題

1.　双連結構造が見られる系を 3 つ以上挙げよ．

2.　$L \times L$ の正方形の紙の上に，半径 r の円板を重ならないようにランダムに稠密に配置する．円板をランダムに選び，互いに接するものがつながりをつくるものとして，パーコレーションが起こるのに必要な円板の数を推定せよ．また，シミュレーションを用いて，その推定値を検証せよ．

参 考 文 献

[1]　矢野隆夫，西山 哲，中島伸一郎，森石一志，大西有三：土木学会論文集，E66（2010）452.

[2]　S. Kaji, G. Oomi, M. Hedo, Y. Uwatoko, S. Mitani, K. Takanashi, S. Takahashi and S. Maekawa : J. Phys. Soc. Jpn. **74**（2005）2783.

[3]　S. Yamamuro, K. Sumiyama, T. Hihara and K. Suzuki : J. Phys. Soc. Jpn. **68**

(1999) 29.

[4]　山口 豊, 塚越 功, 中島敦夫：サーキットテクノロジ, **4** (1989) 362.

[5]　A. Sasaki, Y. Kishimoto, E. Takahashi, S. Kato, T. Fujii and S. Kanazawa：
Phys. Rev. Lett. **105** (2010) 075004.

[6]　S. Matsumoto and T. Odagaki：J. Phys. Soc. Jpn. **83** (2014) 034006.

[7]　R. Chandler, J. Koplik, K. Lerman and J. F. Willemsen：J. Fluid Mech. **119**
(1982) 249.

[8]　梅村 章：日本燃焼学会誌, **53** (2011) 145.

[9]　K. C. Chang and T. Odagaki：J. Stat. Phys. **35** (1984) 507.

[10]　A. Uemura and S. Takamori：Combus. Flame **141** (2005) 336.

[11]　R. Fujie and T. Odagaki：Physica **A374** (2007) 843.

[12]　P. Fine, K. Eames and D. L. Heymann：Clini. Infect. Dis. **52** (2011) 911.

[13]　Y. Imoto and T. Odagaki：in *"Diffusion Fundamentals II"* eds. S. Brandani, C.
Chmelik, J. Kaerger and R. Volpe (Leipziger Universitätsverlag, 2007), p 132.

[14]　N. Metropolis, A.W. Rosenbluth, M.N. Rosenbluth, A.H. Teller and E. Teller：
J. Chem. Phys. **21** (1953) 1087.

第 **5** 章

複雑ネットワークの基礎

　これまでの章で扱ってきたパーコレーション過程では，ランダムに配置された要素間で，それらの間の距離が短いもの同士に何らかのつながりを考え，互いにつながった要素のクラスターが無限に広がるか否か，あるいは形成されたクラスターの大きさの分布や統計的性質を考察してきた．第1章のエピソード3, 5で見たように，要素間のつながりが，それらの間の距離とは関係なく形成され，互いにつながった要素が形成する要素の集団が，様々な特徴を示す現象が多い．

　すべての要素が何らかの形で互いにつながっているとき，その要素を**ノード**，つながりを**リンク**とよび，互いにつながった要素の集団を**ネットワーク**とよぶ（パーコレーションではクラスターとよんだ）．この章以後は，ノード，リンクを用いて話を進め，**ネットワークの物理学**の基礎的事項と，いくつかの応用について述べることにする．

　この章では，ネットワークを考察する上で基本となる事項について，そして次章で，さらに高度な取り扱いについて解説する．第7章では，ネットワーク上で定義される様々な物理現象について述べることにする．

§5.1　ネットワーク

ネットワークの物理学では，何らかの手続きあるいは作用で互いにつなが
った要素の集団の普遍的な性質を議論の対象とする．最も単純なネットワー
クは，ノード間をランダムにリンクで結ぶことによってつくられる．このよ
うにつくられるネットワークは**ランダムグラフ**とよばれる．ランダムグラフ
については，Erdös と Rényi[1] によって詳しく調べられており，本書でも
折に触れ，参考となるネットワークとして，ランダムグラフを参照すること
にする．

いま，N 個のノードがあるとしよう．任意に2つのノードを選び，1本の
リンクで結ぶ．この操作を繰り返して，すべてのノードが互いにリンクで結
ばれるようにする*．ただし，どの2つのノード間にも2本以上のリンクは
ないものとする．この全結合ネットワークを**完全グラフ**とよび，この完全
グラフのリンク数を $B_{\max}$ とすると，$B_{\max}$ は N 個の異なるものから任意の
2個を取り出す場合の数 $_N\mathrm{C}_2$ で与えられるから

$$B_{\max} = {}_N\mathrm{C}_2 = \frac{N(N-1)}{2} \tag{5.1}$$

となる．

リンクの数 B が $B_{\max}$ 未満であっても，十分大きければ，孤立したノード
はなく，すべてのノードは互いにつながる．このとき，2つのノードがつな
がっている確率 p は

$$p = \frac{B}{\dfrac{N(N-1)}{2}} \tag{5.2}$$

で与えられるから，1つのノードから出ているリンクの平均数を $\bar{l}$ とすると，

$$\bar{l} = (N-1)p = \frac{2B}{N} \equiv 2b \tag{5.3}$$

で与えられる．ただし，$b = B/N$ はノード当たりのリンク数である．

＊　特に断らない限り，リンクの方向性は考えない．

　すべてのノードがつながって1つのネットワークになるためには，1つの
ノード当たりのリンク数が1を超えて

$$\bar{l} > 1 \tag{5.4}$$

あるいは

$$b > 0.5 \equiv b_\mathrm{c} \tag{5.5}$$

を満たす必要がある．したがって，1つのノード当たりのリンク数 b が

$$b_\mathrm{c} \ll b < b_\mathrm{max} \simeq \frac{N}{2} \tag{5.6}$$

の範囲にあれば，すべてのノードがつながった1つのネットワークになって
いると考えられるが，同じ b のときでもリンクの張られ方によって様々な
構造のネットワークが形成される．

　計画的にリンクを形成すれば，すべてのノードがつながったネットワーク
を容易につくることができる．その1つは，1つのノードを中心に置き，他
の $N-1$ 個のノードを中心のノードにつないだ星形ネットワークである．
図5.1(a)のように，星形ネットワークではリンクの総数は $B = N-1$ で
あり，ノード当たりのリンク数は $b \simeq 1$ である．また，図5.1(b)のように
ノードを円形に配置し，隣同士を互いにリンクで結ぶ円形ネットワークで
は，リンクの数は $B = N$ であり，ノード当たりのリンク数は $b = 1$ である．

　表5.1に，身の回りに存在するネットワークのいくつかの例を示す．

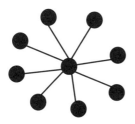 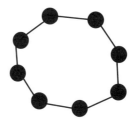

(a)　星形ネットワーク 　　　　(b)　円形ネットワーク

図5.1　すべてのノードがつながったネットワークの例.

これらのネットワークは，ここで述べた星形や円形の規則的なネットワークやランダムグラフ，あるいは前節までに見たパーコレーション過程で形成されるクラスターとは全く異なった構造や特徴をもっている．

表5.1 身の回りのネットワークの例

ネットワーク	ノード	リンク
鉄道網	駅	線路
航空路線網	飛行場	空路
知り合い	個人	知人関係
共著者	研究者	共著論文の執筆
共演者	映画俳優	映画での共演
電力供給網	変電所	送電線

ネットワークを特徴づける量は，**隣接行列**を用いて計算で求めることができる．隣接行列は，ノード同士の間にリンクがあることを行列要素で表すものであり，N 個のノードがあるネットワークに対して，$N \times N$ の隣接行列 $A = (A_{ij})$ の各要素は

$$A_{ij} = \begin{cases} 1 & （ノード \, i, j \, 間にリンクがあるとき） \\ 0 & （ノード \, i, j \, 間にリンクがないとき） \end{cases} \tag{5.7}$$

のように定義される．行列 A の対角要素 $\{A_{ii}\}$ は通常はゼロとされるが，場合によっては何らかの物理量を入れることも可能である．

§5.2 ネットワークの特徴

ネットワークは2つの視点から特徴づけられる．1つの視点は，各ノードの近辺の局所的情報に基づくものであり，他の視点は，ネットワークの大域的な情報に基づくグローバルな性質に基づくものである．前者としては，**モチーフ**，**次数分布**，**次数相関**，**クラスター係数**を挙げることができ，後者としては，**平均経路長**，**中心性**，**コミュニティー構造**などが用いられる．

5.2.1 局所的な構造

モチーフ

すべてのノードがつながっているネットワークにおいて，その中の少数のノードの間のつながり方に特徴をもつものが多い．この少数のノードのつな

(a) 無リンクモチーフ (b) 1リンクモチーフ (c) 直線モチーフ (d) 三角形モチーフ

図5.2 3個のノードのモチーフ

がり方を**モチーフ**とよぶ.1つのネットワークの中の3個のノードを考えると,図5.2のような4種類のモチーフが考えられる.

次章で見るように,三角形モチーフの存在は,スモールワールドを特徴づける重要なはたらきをする.

次に,1つのネットワークの中の4個のノードのモチーフを見てみよう.4個のノードのモチーフの中で,4個のノードが互いにつながっているものを図5.3に示す.4個のノードのモチーフの中には,図には示されていない遊離したノードのあるモチーフもあるが,そのようなモチーフは,より小さいノード数のモチーフの組み合わせで表せる.ノード数が増えると,モチーフの数は急激に多くなる.

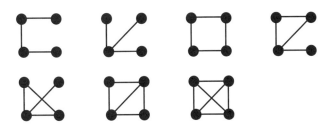

図5.3 4個のノードの互いにつながったモチーフ.

次数と次数分布

あるノードから出ているリンク数を,そのノードの**次数**とよぶ.ノード i の次数を k_i とすると,1本のリンクはその両端にあるノードの次数に寄与するから,次数をすべてのノードについて加えた量は,ネットワーク内の全リンク数 B の2倍に等しく,

$$\sum_i k_i = 2B \tag{5.8}$$

が成り立つ. この関係は, グラフ理論では**握手補題**とよばれている.

隣接行列 (5.7) を用いると

$$\sum_j A_{ij} = k_i \tag{5.9}$$

であり, したがって,

$$\sum_{i,j} A_{ij} = 2B \tag{5.10}$$

が成り立つ.

最も単純なネットワークとして, 格子点上に配置されたノードと, 最近接格子点間を結ぶリンクからつくられるネットワークを考えよう. このネットワークでは, どのノードの次数も格子の配位数 z に等しく, すべてのノードについて $k_i = z$ である. 一方, すべてのノードが互いにリンクをもつノード数 N の全結合型ネットワークでは, どのノード次数も $N-1$ であり, すべてのノードについて $k_i = N-1$ が成り立つ.

あるネットワークにおいて, 次数 k をもつノード数が N_k のとき, 次数の分布関数 $P(k)$ を

$$P(k) = \frac{N_k}{N} \tag{5.11}$$

によって定義する. ネットワークの定義により, 孤立したノードはないので $N_0 = 0$, すなわち $P(0) = 0$ である. また, 自分自身へのリンクはないものとしているので $k_i < N$ であり, したがって, $P(N) = 0$ が成り立つ. そして, 全ノード数が N なので $\sum_{k=1}^{N-1} N_k = N$ が成り立ち, 次数分布 $P(k)$ は

$$\sum_{k=1}^{N-1} P(k) = 1 \tag{5.12}$$

のように規格化されている.

例として, 図 5.4 のような 5 個のノードから成るネットワークを考えよう. 図から $k_1 = 3$, $k_2 = 3$, $k_3 = 2$, $k_4 = 1$, $k_5 = 1$ であることは明らかである.

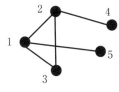

$k_1 = 3$	$N_1 = 2$	$P(1) = 2/5$
$k_2 = 3$	$N_2 = 1$	$P(2) = 1/5$
$k_3 = 2$	$N_3 = 2$	$P(3) = 2/5$
$k_4 = 1$	$N_4 = 0$	$P(4) = 0$
$k_5 = 1$		

図 5.4 5 個のノードから成るネットワーク.

したがって, $N_1 = 2$, $N_2 = 1$, $N_3 = 2$, $N_4 = 0$ であり, 次数分布は

$$P(1) = \frac{2}{5}, \qquad P(2) = \frac{1}{5}, \qquad P(3) = \frac{2}{5}, \qquad P(4) = 0 \quad (5.13)$$

となる. 当然のことながら, $\sum_{k=1}^{4} P(k) = 1$ が確かめられる.

ネットワークが確率過程によってつくられている場合, 次数は分布し, その分布関数が考察の対象となる. 再び周期格子状のリンクの配置を考え, 最近接格子点を結ぶリンクが確率 p でつくられるとしよう. 格子の配位数が z の場合, あるノードの次数は $0, 1, 2, 3, \cdots, z$ の値が可能であり, 次数が k である確率は 2 項分布で与えられる.

$$P(k) = {}_z\mathrm{C}_k\, p^k (1-p)^{z-k} \tag{5.14}$$

このとき, 平均次数 $\langle k \rangle$ は

$$\langle k \rangle = \sum_k k P(k) = zp \tag{5.15}$$

であり, 次数の揺らぎ $\langle \Delta k^2 \rangle$ は

$$\langle \Delta k^2 \rangle = \langle k^2 \rangle - \langle k \rangle^2 = zp(1-p) \tag{5.16}$$

で与えられる.

よく知られているように, 2 項分布 (5.14) は, zp を一定に保って z を大きくした極限で, ガウス分布

$$P(k) = \frac{1}{\sqrt{2\pi \langle \Delta k^2 \rangle}} e^{-(k-\langle k \rangle)^2 / 2\langle \Delta k^2 \rangle} \tag{5.17}$$

になる.

次数が確率分布 $P(k)$ に従って分布している場合, 平均次数は

$$\langle k \rangle = \sum_k k P(k) = \sum_k \frac{k N_k}{N} \tag{5.18}$$

で与えられる。一方，握手補題 (5.8) によれば

$$\sum_k k N_k = \sum_i k_i = 2B \tag{5.19}$$

であるから，平均次数はノード当たりのリンク数の 2 倍で与えられる。

$$\langle k \rangle = \frac{2B}{N} \tag{5.20}$$

　次数の最大値は $N-1$ であるが，以下の複雑ネットワークの考察では，特に断らない限り，平均次数が全ノード数より十分小さく，

$$\langle k \rangle \ll N \tag{5.21}$$

を満たすネットワークを対象とすることにする。

　一般的にいって，次数はノードごとに異なっており，その分布関数が，ネットワークの 1 つの特徴を表す量となる。例えば，格子状に配置されたノードで，最近接ノード同士がすべてリンクで結ばれている格子状ネットワーク（配位数 z）の次数分布は，δ 関数

$$P(k) = \delta(k - z) \tag{5.22}$$

となる。また，複雑ネットワークでは，ベキ関数

$$P(k) = \frac{\gamma - 1}{k_{\min}^{1-\gamma}} k^{-\gamma} \qquad (k \geq k_{\min}) \tag{5.23}$$

がよく見られる。このとき，平均次数は

$$\langle k \rangle = \frac{\gamma - 1}{\gamma - 2} k_{\min} \tag{5.24}$$

で与えられる。ここで，$k_{\min}$ は次数の最小値である。

　各ノードの次数は，平均値の周りに分布している。その分布の広がりの尺度を与える量として，分散 Δk を

$$\Delta k = \sqrt{\langle (k - \langle k \rangle)^2 \rangle} = \sqrt{\langle k^2 \rangle - \langle k \rangle^2} \tag{5.25}$$

で定義する。分散 Δk が有限の値をもっているときは，各ノードの次数はおよそ $\langle k \rangle \pm \Delta k$ の範囲にあると考えることができる。一方，Δk が発散する

こともあり，その場合は $\langle k \rangle$ が次数の代表的な値ではないことを意味する．

条件付き次数分布

1つのノードとつながった隣のノードがもつ次数も分布するが，その次数分布は上で求めた次数分布とは少し異なっている．次数 k のノードが N_k 個存在するとすると，それらのノードから出るリンクの総数は kN_k である．1つの与えられたノードがそれらのリンクとつながっている確率は，リンクがランダムにつくられているとすると kN_k，すなわち $kP(k)$ に比例する．つまり，そのノードから見て，リンクでつながっている先のノードの次数が k である確率が $kP(k)$ に比例する．したがって，あるノードにつながった先のノードの次数分布を $P_{nn}(k)$ とすると

$$P_{nn}(k) = \frac{kP(k)}{\sum_{k'} k'P(k')} = \frac{kP(k)}{\langle k \rangle} \tag{5.26}$$

で与えられる．ここで，nn は隣接するノードであることを表す．

隣の次数と次数相関

あるノードの次数が k であり，そのノードとリンクをもつノードの次数が k' である確率を $P(k'|k)$ とすると，k' の平均 $\langle k_{nn}(k) \rangle$ は

$$\langle k_{nn}(k) \rangle = \sum_{k'} k'P(k'|k) \tag{5.27}$$

で与えられる．

実際のネットワークで $\langle k_{nn}(k) \rangle$ を求めるために，ノード i の次数を k_i とし，このノードとリンクをもつノードを $n_1, n_2, n_3, \cdots, n_{k_i}$，それらのノードの次数を $k_{n_j} (j = 1, 2, \cdots, k_i)$ としよう．このとき，k_{n_j} の平均値 k_{nni} を，ノード i の最近接ノードの**平均次数**とよぶ．

$$k_{nni} = \frac{1}{k_i} \sum_{j=1}^{k_i} k_{n_j} \tag{5.28}$$

次数 k のノードの隣にあるノードの次数の平均 $\langle k_{nn}(k) \rangle$ は，この k_{nni} を次数 k をもつノードについて平均した量

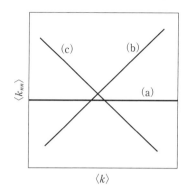

図 5.5 隣のノードの平均次数に関する,
元のノードの次数依存性の模式図.
(a)　無相関の場合
(b)　正の相関の場合
(c)　負の相関の場合

$$\langle k_{nn}(k) \rangle = \frac{1}{N_k} \sum_{i=1}^{N} \delta_{k_i,\, k} \left(\frac{1}{k_i} \sum_{j}^{k_i} k_{n_j} \right) \tag{5.29}$$

で与えられる.

　$\langle k_{nn}(k) \rangle$ の k 依存性を模式的に図 5.5 に示す.(a) は隣の次数が元のノードの次数とは相関のない場合,(b) は隣の次数が元のノードの次数と共に増加する正の相関をもつ場合,(c) は隣の次数が元のノードの次数が大きくなると小さくなる場合(負の相関)を示している.例えば,「類は友を呼ぶ」という諺があるように,人間関係は正の相関をもちやすい.

　すでに見たように,次数相関がない場合,隣のノードの次数が k である確率は $P_{nn}(k) = kP(k)/\langle k \rangle$ である.したがって,隣のノードの次数の平均値は

$$\langle k_{nn} \rangle = \sum_k k P_{nn}(k) = \frac{\sum_k k^2 P(k)}{\langle k \rangle} = \frac{\langle k^2 \rangle}{\langle k \rangle} \tag{5.30}$$

で与えられる.一方,次数の揺らぎの 2 乗の平均は正だから,$\Delta k^2 = \langle k^2 \rangle - \langle k \rangle^2 \geq 0$ が成り立ち,$\langle k^2 \rangle / \langle k \rangle \geq \langle k \rangle$ となるので,

$$\langle k_{nn} \rangle \geq \langle k \rangle \tag{5.31}$$

が満たされることがわかる.

母 関 数

2.4.2項で見たように，あるランダムな変数の分布関数が与えられたとき，その変数の平均値や分散を効率的に求めるためには，母関数を用いればよい．次数分布 $P(k)$ に対しても，x をパラメータとして母関数 $G_0(x)$ を

$$G_0(x) = \sum_{k=0}^{\infty} x^k P(k) \tag{5.32}$$

により定義する．次数の分布関数は，$\sum_k P(k) = 1$ のように規格化されているので，$x = 1$ のとき

$$G_0(1) = \sum_{k=0}^{\infty} P(k) = 1 \tag{5.33}$$

が満たされる．

母関数を用いると，次数の平均値は

$$\langle k \rangle = \sum_{k=0}^{\infty} k x^k P(k) \bigg|_{x=1} = \sum_{k=0}^{\infty} x \frac{dx^k}{dx} P(k) \bigg|_{x=1} = x \frac{dG_0(x)}{dx} \bigg|_{x=1} = G_0{'}(1) \tag{5.34}$$

2次モーメントは

$$\langle k^2 \rangle = x \frac{d}{dx} x \frac{d}{dx} \sum_{k=0}^{\infty} x^k P(k) \bigg|_{x=1}$$

$$= \left\{ \frac{d^2 G_0(x)}{dx^2} + \frac{dG_0(x)}{dx} \right\} \bigg|_{x=1} = G_0{''}(1) + G_0{'}(1) \tag{5.35}$$

で与えられ，次数の揺らぎは

$$\langle k^2 \rangle - \langle k \rangle^2 = G_0{''}(1) + G_0{'}(1)\{1 - G_0{'}(1)\} \tag{5.36}$$

と表すことができる．

隣のノードの次数分布 $(k/\langle k \rangle)P(k)$ の母関数 $G_1(x)$ も定義できる．ノードの隣には必ず1本のリンクがあるので，$G_1(x)$ にそのリンクに対応する x を掛けた量に対して，

$$x G_1(x) = \sum_{k=0}^{\infty} x^k \frac{k}{\langle k \rangle} P(k) \tag{5.37}$$

のように $G_1(x)$ を定義する.

容易に示せるように

$$G_1(x) = \frac{\sum_{k=0}^{\infty} k x^{k-1} P(k)}{\langle k \rangle} = \frac{\dfrac{dG_0(x)}{dx}}{G_0{}'(1)} \tag{5.38}$$

と表すことができる. また, $G_1(x)$ を x で微分して $x=1$ とおくことにより,

$$G_1{}'(1) = \frac{G_0{}''(1)}{G_0{}'(1)} = \frac{\langle k^2 \rangle - \langle k \rangle}{\langle k \rangle} \tag{5.39}$$

が成り立つことが示される. また, 隣の次数の平均は

$$\begin{aligned}
\langle k_{nn} \rangle &= \frac{\sum_{k=0}^{\infty} k^2 P(k)}{\langle k \rangle} = \left. \frac{\sum_{k=0}^{\infty} k \dfrac{d}{dx} x^k P(k)}{\langle k \rangle} \right|_{x=1} \\
&= \left. \frac{d}{dx} x\, G_1(x) \right|_{x=1} = G_1(1) + G_1{}'(1)
\end{aligned} \tag{5.40}$$

と表すことができる.

例として, 次数分布が λ をパラメータとするポアソン分布

$$P_\lambda(k) = e^{-\lambda} \frac{\lambda^k}{k!} \tag{5.41}$$

であるネットワークを考えよう. 次数分布の母関数は

$$G_0(x) = \sum_{k=0}^{\infty} e^{-\lambda} \frac{\lambda^k x^k}{k!} = e^{\lambda(x-1)} \tag{5.42}$$

であり, $G_0{}'(x) = \lambda e^{\lambda(x-1)}$, $G_0{}''(x) = \lambda^2 e^{\lambda(x-1)}$ だから

$$\langle k \rangle = G_0{}'(1) = \lambda, \qquad \langle k^2 \rangle = \lambda^2 + \lambda \tag{5.43}$$

であり, 次数の揺らぎは

$$\Delta k = \sqrt{\lambda} \tag{5.44}$$

で与えられる.

また, 隣の次数の分布関数の母関数は

$$G_1(x) = \frac{\lambda e^{\lambda(x-1)}}{\lambda} = e^{\lambda(x-1)} \tag{5.45}$$

で与えられる．したがって，隣の次数の平均は (5.40) 式より

$$\langle k_{nn} \rangle = 1 + \lambda \tag{5.46}$$

で与えられる．

クラスター係数

第1章で見た「世の中は狭いね」という状況を，三角形のモチーフに着目して特徴づけることを考えよう．ノード i の次数が k_i のとき，ノード i には，k_i 本のリンクの先に k_i 個のノードがつながっている．この k_i 個のノードの中の2つのノードの間にリンクがあると，ノード i と合わせて，三角形のモチーフができる（図5.6）．この k_i 個のノードを互いにすべて結ぶときに必要なリンクの数は，k_i 個の中から任意に2個選ぶ場合の数だから，$_{k_i}C_2 = k_i(k_i - 1)/2$ である．そこで，これらの k_i 個のノードを結ぶリンクが実際に Δ_i 本存在するとき，ノード i のクラスター係数 C_i を

$$C_i = \frac{\Delta_i}{_{k_i}C_2} \tag{5.47}$$

により定義する．

クラスター係数は，一般的にはノードによって異なっているので，ネットワーク全体を特徴づけるために，ネットワークのクラスター係数 C を，すべてのノードのクラスター係数の平均

$$C = \frac{1}{N} \sum_i C_i \tag{5.48}$$

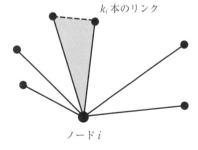

図 5.6 ノード i につながる k_i 個のノードの中の2つに破線のようなリンクがあると，三角形のモチーフができる．

で定義する．社会で見られる様々なネットワークのクラスター係数について
は，後の§6.2で述べることにし，ここではクラスター係数の理解を深める
ために，単純なネットワークのクラスター係数を求めてみよう．

　図5.7(a)の要素が1次元状に並び，互いの隣にのみリンクがある場合，
1つのノードにつながった両側のノード間にはリンクがないので，どのノー
ドについても$\Delta_i = 0$であり，したがって$C_i = 0$，$C = 0$となる．

　図5.7(b)の1次元状ネットワークは，次近接のノード間にもリンクがあ
るものである．各ノードの次数は$k_i = 4$である．これらの4個のノードの
間につくることのできる最大のリンク数は${}_4C_2 = 6$であるが，実際に存在し
ているリンク数は$\Delta_i = 3$であり，クラスター係数は$C_i = C = 3/6 = 1/2$
となる．

　また，図5.7(c)の平面三角格子状のネットワークの場合，すべてのノー
ドについて$k_i = 6$であり，その中の可能なリンク数${}_6C_2 = 15$のうち，実際
に存在するのは$\Delta_i = 6$だから，クラスター係数は$C_i = C = 6/15 = 2/5$と
なる．なお，すべてのノードが互いにつながっている完全グラフでは，クラ
スター係数が$C = 1$になることは自明である．つまり，自分の知り合い同
士がどの2人も知り合いではない場合が$C = 0$であり，知り合い同士が

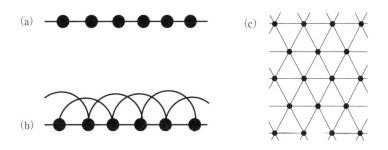

図5.7　3つの単純なネットワーク．
　(a)　隣にのみリンクのある1次元状のネットワーク．
　(b)　次近接のノードまでリンクのある1次元状のネットワーク．
　(c)　隣にのみリンクのある平面三角格子状のネットワーク．

すべて知り合いである場合が $C = 1$ である.

バンドル係数

クラスター係数は, 迂回路の多さの尺度とも考えることができる. ノード i とリンクをもつ k_i 個のノードを $n_j (j = 1, 2, \cdots, k_i)$ とし, 1 つのリンク $i - n_j$ について, 1 つのノードを介した迂回路の数を T_{i, n_j} とする. 容易にわかるように, $\sum_j T_{i, n_j} = 2\Delta_i$ が成り立つ.

リンク $i - n_j$ の一種の強さの尺度(切れても迂回路がある)として, **バンドル係数** B_{i, n_j} とよばれる

$$B_{i, n_j} = \frac{T_{i, n_j}}{k_i - 1} \tag{5.49}$$

を定義する. バンドル係数の j についての平均は,

$$\frac{1}{k_j}\sum_j B_{i, n_j} = \frac{1}{k_i}\frac{\sum_j T_{i, n_j}}{k_i - 1} = \frac{2\Delta_i}{k_i(k_i - 1)} = C_i \tag{5.50}$$

となり, ノード i のクラスター係数 C_i に一致する. すなわち, C_i はノード i の隣のノードへ 2 ステップで行ける迂回路の数の平均と考えることができる.

推 移 性

三角形のモチーフに着目した別の量でネットワークを特徴づけることもできる. 3 つのノードをとったとき, 少なくとも 2 つの間にリンクのあるものの数を $C_\vee$ とする. その中で, 3 つのノードの間にすべてリンクのあるものを**推移性**があるとよび, 推移性のある 3 つのノードの数を $C_\triangle$ で表す. すなわち, ノード i の次数を k_i, ノード i を含む三角形モチーフの数を Δ_i として,

$$C_\vee = \sum_i {}_{k_i}C_2 \tag{5.51}$$

$$C_\triangle = \sum_i \Delta_i \tag{5.52}$$

である.

ネットワークの推移性 C' を

$$C' = \frac{C_\triangle}{C_\vee} \tag{5.53}$$

で定義すると，C' はクラスター係数と同様の三角形のモチーフの多さの尺度となる．実際，k_i が一定のネットワークでは $C = C'$ であることが容易に示せる．

5.2.2 大域的な構造

平均経路長

2つのノード i, j の距離 $d_{i,j}$ を，i から j に行くときに通らなければならないリンクの数の内，最も少ないものによって定義する．例えば，図5.8のようなネットワークでは $d_{1,2} = 1$，$d_{1,5} = 2$ などである．

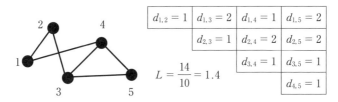

$d_{1,2} = 1$	$d_{1,3} = 2$	$d_{1,4} = 1$	$d_{1,5} = 2$
	$d_{2,3} = 1$	$d_{2,4} = 2$	$d_{2,5} = 2$
		$d_{3,4} = 1$	$d_{3,5} = 1$
			$d_{4,5} = 1$

$$L = \frac{14}{10} = 1.4$$

図5.8 5個のノードから成るネットワーク．表に，各ノード間の距離を示す（平均経路長は $L = 1.4$）．

N 個のノードから成るネットワークで，2つのノードの異なった対の数は，N 個のものから2個をとり出す組合せの数だから ${}_N C_2 = N(N-1)/2$ であり，各ノード対の距離をすべての対について平均した量により，そのネットワークの**平均経路長** L を定義する．

$$L = \frac{1}{\dfrac{N(N-1)}{2}} \sum_{1 = i < j \le N} d_{i,j} \tag{5.54}$$

例として，図5.7(a) のような N 個のノードから成る1次元状のネットワークを考えよう．$d_{1,j} = j - 1$，$d_{2,j} = j - 2$ などであるから，

$$\sum_{1 = i < j \le N} d_{i,j} = \sum_{i=1}^{N-1} \left\{ \sum_{j=i+1}^{N} (j-i) \right\}$$
$$= \sum_{i=1}^{N-1} \frac{(N-i)(N-i+1)}{2}$$

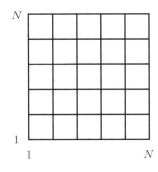

図 5.9 $N \times N$ の正方格子状の
ネットワーク（平均経路長は
$2N/3$）.

$$= \frac{(N-1)N(N+1)}{6} \tag{5.55}$$

であり，この和をノード対の総数 $N(N-1)/2$ で割って，平均経路長は

$$L = \frac{N+1}{3} \tag{5.56}$$

となる．

　図 5.9 の $N \times N$ の正方格子の場合，ノード対の数は N^2 個のノードから 2 個をとり出す場合の数だから $_{N^2}\mathrm{C}_2 = N^2(N^2-1)/2$ であり，最も短い経路は 1，最長の経路は $2N$ である．やや込み入った計算になるが，それらの平均を求めると，平均経路長が $L = 2N/3$ となることが示される．

　このように，結晶構造のような最近接ノード間にのみリンクがあるネットワークでは，平均経路長はネットワークの端から端までの距離程度の量になる．

　§5.1 で説明した完全グラフでは，すべてのノードが互いにリンクで結ばれているので，すべてのノード対について $d_{i,j} = 1$ であり，平均経路長は $L = 1$ となる．

中 心 性

ネットワークの機能を考えるとき，その中心がどこにあるかは，有用な情報となる．ここでは，ネットワークの異なった特徴を捉える 3 つの**中心性**について説明する．

　次数中心性は最も単純に定義できるもので，ネットワークの各ノードの中

で，次数 k_i が最も大きいノードをそのネットワークの中心とする考え方である．例えば，航空会社のサービス網の中心となるハブ空港は，その会社がベースとする空港であり，その空港を起点・終点とする航空路が多く，その空港の次数が大きくなる．

1つのノードから他のノードへの行き易さに着目した中心性が**近接中心性**である．ノード i とノード j の距離が $d_{i,j}$ のとき，その j についての平均値

$$L_i = \frac{1}{N-1} \sum_{j \neq i} d_{i,j} \tag{5.57}$$

は，ノード i から見て，平均してどのくらいの距離のところに他のノードがあるかを表している．すなわち L_i が小さい，あるいは $1/L_i$ が大きければ，ノード i は他のノードの近くにあることになり，中心と考えることができる．この $1/L_i$ をノード i の**近接中心性**とよぶ．例えば，図 5.1(a) の星形ネットワークでは，中心のノードは $L_i = 1$，周囲のノードでは $L_i = 2 - 1/(N-1)$ であり，中心のノードの近接中心性は，周囲のノードの近接中心性のおよそ2倍になる．

ネットワーク上のあるノードから別のノードへの物流などを考える場合，その2つのノードを結ぶ経路がたくさん通過するノードは，物流の中心的役割をしていると考えることができる．そのことを反映したノードの特徴を表す量として，**媒介中心性**を定義する．

まず，ノード i 以外で任意に選んだ2つのノード s, t を結ぶ最短経路の数を $N_{s,t}^{(i)}$ とし，その中でノード i を通る経路の数を $g_{s,t}^{(i)}$ とする．これらの量の比をすべての対 s, t について平均した量

$$b_i = \frac{1}{\dfrac{(N-1)(N-2)}{2}} \sum_{s=1, s \neq i}^{N-1} \sum_{t=1, t \neq i}^{s-1} \frac{g_{s,t}^{(i)}}{N_{s,t}^{(i)}} \tag{5.58}$$

を，ノード i の**媒介中心性**とよぶ．例えば，図 5.1(a) の星形ネットワークでは，中心のノードの媒介中心性は $b_i = 1$，周辺のノードでは $b_i = 0$ である．

図 5.7(a) に示した N 個のノードから成る1次元状のネットワークでは，

両端のノードの媒介中心性がゼロになることは自明である．端から2つ目の
ノードでは，全部で $(N-1)(N-2)/2$ 個のノード対を結ぶ経路の内，そ
のノードを通る経路は端のノードを端点とするもののみだから $N-2$ 本で
あり，そのノードの媒介中心性は $(N-2)/\{(N-1)(N-2)/2\} = 2/(N-1)$ である．

　一般に，端から i 番目のノードについては，$(N-1)(N-2)/2$ 個のノー
ド対を結ぶ経路の内，i の左側にある $i-1$ 個のノードの1つと，i の右側
にある $N-i$ 個のノードの1つを結ぶ経路のみがノード i を通り，その数
は $(i-1)(N-i)$ 個である．したがって，このノード i の媒介中心性は

$$b_i = \frac{(i-1)(N-i)}{\frac{(N-1)(N-2)}{2}} = \frac{2(i-1)(N-i)}{(N-1)(N-2)} \tag{5.59}$$

となる．当然のことながら，1次元状のネットワークでは，真ん中のノード
の媒介中心性が大きくなる．

　媒介中心性は，リンクに対しても定義できる．あるリンクの両端をノード
i, j とし，任意に選んだ2つのノード s, t を結ぶ最短経路の数を $N_{s,t}^{(ij)}$，そ
の中でリンク ij を通る経路の数を $g_{s,t}^{(ij)}$ とする．このとき，

$$B_{ij} = \frac{1}{\frac{N(N-1)}{2}} \sum_{s=1}^{N} \sum_{t=1}^{s-1} \frac{g_{s,t}^{(ij)}}{N_{s,t}^{(ij)}} \tag{5.60}$$

をリンク ij の**媒介中心性**という．

　例として，図5.10のような N_1 個のノードから成るネットワークと N_2 個
のノードから成るネットワークが1本のリンクで連結されている場合を考
え，その連結しているリンクの媒介中心性を求める．任意に選んだ2つの
ノードの組合せの数は $(N_1+N_2)(N_1+N_2-1)/2$ であり，その内，リンク
の両端がそれぞれのネットワークにある場合の N_1N_2 個のみが，このリンク
を通るので，そのリンクの媒介中心性は

$$B_{ij} = \frac{2N_1N_2}{(N_1+N_2)(N_1+N_2-1)} \tag{5.61}$$

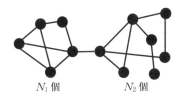

N_1 個　　　　　N_2 個

図 5.10　N_1 個のノードから成るネットワークと N_2 個のノードから
　　成るネットワークが，1 本のリンクで連結されている．このリンク
　　の媒介中心性は $2N_1N_2/(N_1 + N_2)(N_1 + N_2 - 1)$ である．

となる．

コミュニティー構造

　実際に存在しているネットワークを見ると，ノードが密に結合しているい
くつかの領域に分かれるものが多い．そのような構造を**コミュニティー構造**
とよぶ．1 つのコミュニティー内では比較的密にノード間のリンクが存在
し，コミュニティー間を結ぶリンクが少ないという特徴に着目して，コミュ
ニティーを同定することができる．すなわち，いくつかのリンクを切ると，
ネットワークが 2 つ以上のサブネットワークに分かれるとき，そのサブネッ
トワークがコミュニティーになる．図 5.10 のネットワークは，中央にある
リンクを切ると，2 つのサブネットワークに分かれるので，N_1 個のノード
のサブネットワークと N_2 個のノードのサブネットワークになるから，サブ
ネットワークそれぞれがコミュニティーになる．

　どのリンクを切れば良いかを判断するために，前項で定義した媒介中心性
に着目する．当然，2 つの部分を結ぶリンクの数が少ないところは，媒介中
心性が高くなる．そこで媒介中心性の高いリンクを順に切っていくと，ある
ところで全体が 2 つ以上のサブネットワークに分かれれば，コミュニティー
構造を判定することができる．ただし，リンクを 1 つ切ると媒介中心性が変
化することに注意する必要がある．

　この手続きを系統的に行うために，以下に示す手順によって**モジュラリテ**

イーという量を定義する[2]. ノード数 N, リンク数 B のネットワークを, $g_1, g_2, \cdots, g_c$ の c 個のグループに分ける. 全リンクの中で, グループ g_i の中のノードと g_j の中のノードをつなぐリンクの割合を $e_{i,j}$ で表すと, (5.7) 式で定義した隣接行列 A を用いて

$$e_{i,j} = \frac{1}{B} \sum_{s \in g_i} \sum_{t \in g_j} A_{s,t} \tag{5.62}$$

と表すことができる. また, 全リンクのうち, 1つの g_i 内のノード間をつなぐリンクの割合 $e_{i,i}$ は,

$$e_{i,i} = \frac{1}{2B} \sum_{s \in g_i} \sum_{t \in g_i} A_{s,t} \tag{5.63}$$

で与えられる.

　一方, グループ g_i 内のノードから出ている全リンク数の割合 a_i は

$$a_i = \sum_j e_{i,j} \tag{5.64}$$

で与えられる. したがって, リンクをランダムに張ったときに, そのリンクの両端が共にグループ g_i にある確率は a_i^2 である. そこで, リンクの集中の程度を表す尺度として**モジュラリティー Q** を

$$Q = \sum_i (e_{i,i} - a_i^2) \tag{5.65}$$

によって定義する. $Q \sim 0$ の場合, グループのどれかにリンクが集中しているということはないが, Q が大きい場合, リンクが集中したグループがいくつか存在することになる.

　モジュラリティーを用いれば, 系統的にネットワークをコミュニティーに分割することができる. そのためには, 上で述べたように, 媒介中心性によって, ネットワークをグループに分ける. そして, その分かれた領域を用いてネットワークのモジュラリティー Q を求め, モジュラリティーが最大となる分割によってコミュニティー構造を決定すればよい.

問 題

1. 三角格子状のネットワークのクラスター係数が $C = 0.4$ で与えられることを示せ.

2. N 個の格子点から成る 1 次元格子の平均経路長を求めよ.

3. $N \times N$ の正方格子の平均経路長が $L = 2N/3$ で与えられることを示せ.

参 考 文 献

[1] P. Erdös and A. Rényi : Publicationes Mathematicae **6** (1959) 290.

[2] M. E. J. Newman : Phys. Rev. **E69** (2004) 066133.

第 6 章

複雑ネットワークの特徴とその構築

　自然界や社会を構成する要素をノードとし，要素間の
つながりをリンクとするネットワークをたくさん見出す
ことができる．それらのネットワークの解析から，いく
つかの特徴のあるネットワークの存在が明らかになっ
た．この章では，スモールワールドとスケールフリーネ
ットワークを中心概念として，様々なネットワークの特
徴について述べる．また，その特徴あるネットワークが
形成されるメカニズムを解説する．

§6.1 スモールワールドとスケールフリーネットワーク

　様々なネットワークを解析すると，同程度のノード当たりのリンク数 B/N（B はリンク数，N はノード数）をもつランダムグラフと比べて，前章で定義した性質のうち，いくつかのものが際立った特徴をもつネットワークが存在することがわかる．

　クラスター係数が規則格子のように比較的大きく，一方，平均経路長がランダムグラフの程度に短いネットワークを，**スモールワールド**という．クラスター係数が大きいことは，互いにつながった 3 個のノード，すなわち三角形のモチーフが多いことを表し，第 1 章で見た「世の中は狭い」という感覚に対応したつながり方になる．

　一方，平均経路長が短いというのは，第 1 章で見た Milgram の実験に対応した特徴で，2 つのノードが比較的少ないステップ数でつながっていることを表している．両者を併せもつスモールワールドは，局所的には規則的なネットワークに近く，大域的にはランダムグラフに近いつながり方をしていることになる．

　次数分布に着目して，別の特徴をもつネットワークを定義しよう．次数が普通のランダムな変数であれば，次数分布は平均値を中心とするガウス分布になる．しかし，実際のネットワークを見ると，次数分布がガウス分布ではなく，ベキ分布 $P(k) \sim k^{-\gamma}$ に従うものがたくさん存在することがわかる．このようなネットワークでは極めて次数の大きなノードが存在し，典型的な次数となる平均値が存在しない場合もある．**スケールフリーネットワーク**とよばれるこのようなネットワークは，分布関数の指数（ベキ）γ で特徴づけられる．

　一般に，ランダムグラフや規則格子のようなつながり方ではないネットワークを，**複雑ネットワーク**とよぶ．特に，**スモールワールド型**と**スケールフリー型**のネットワークは，複雑ネットワークの典型的な例となっている．

§6.2　様々なネットワーク

身近なネットワークの例は，すでに表5.1に示したが，それらを含めて実際に我々の周りに存在するネットワークのいくつかについて，その特徴を詳しくみてみよう．

人間関係のネットワーク　　個人をノードとするネットワークでは，様々な関係がリンクとして考えられる．最も自然なリンクは，親戚，同窓生，同僚，仕事上の知り合いなどであるが，現代社会で最も身近なつながりは，SNS（Social Networking Service）であろう．Facebook, LinkedIn, Twitter, Flickr, Instagram, LINE などでは，個人がそれぞれに登録し，友達（知り合い，コンタクトなど）関係になっている個人同士がリンクで結ばれていることになり，世界中の多くの人がSNSを通してつながっている．

2019年4月時点で，公表されている登録ユーザー数を表6.1に示す．世界の人口は70億人ほどだから，この表が示すように，かなりの割合の人がSNS上のノードになっていることがわかる．

個人間のリンクは，他にも考えることができる．例えば，共著論文を書いた研究者同士にリンクがあるとすれば，研究者のネットワークができる．同じように，映画で共演した俳優間にリンクを張れば，共演者ネットワークが構成できる．

表6.1　SNSの登録者数

SNS	日本国内（万）	全世界（億）
Instagram	3300	10
Facebook	2800	23.75
Twitter	4500	3.3
LINE	8000	1.94
LinkedIn	?	5.46
WeChat	?	10.98
Flickr	?	0.78

(2019年4月時点で明らかになっている数値)

図6.1に，共著者ネットワークの例として，H. E. Stanley（ボストン大学）の共著者ネットワークを示す．

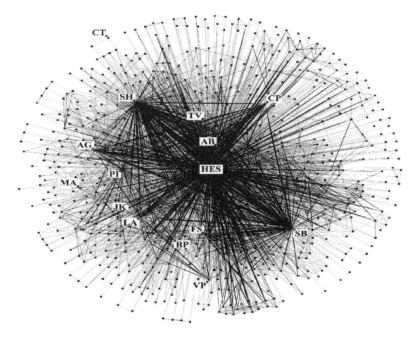

図6.1　H. E. Stanley の共著者ネットワーク，2016 年 3 月 28 日におけるつなが
　　　りを示す．（S. Drozdz の許可を得て転載）

インターネット　　1990 年代に飛躍的に発達したインターネットは，
家庭用のパソコンやスマートフォンを含めて，すべてのコンピューターが何
らかのつながりをもっている．通常はルーターをノードとして，ルーター間
のつながりをリンクとする．また，ウェブページをノードとして，ハイパー
リンクをノード間のつながりとすることができ，ウェブページのネットワー
クが構成される．この場合，リンクは 1 方向のこともあり，一部のリンクは
有向性をもっている．

　　食物連鎖　　地球上の生き物は，様々の種が互いに捕食者 - 被食者の
関係を保ち，安定な生態系をつくっている．種をノード，捕食者 - 被食者の
関係をリンクとすると，図 6.2 のような 1 つのネットワークになる．

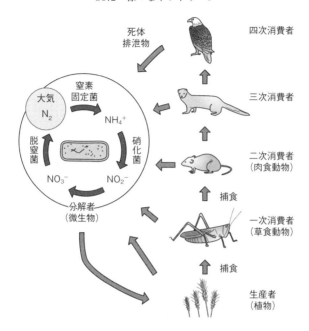

図6.2 食物連鎖の例.
（『理工系のための生物学（改訂版）』（坂本順司 著, 裳華房）による）

脳と神経網　脳は $10^8 \sim 10^{10}$ 個のニューロンから成り, ニューロンは軸索とシナプスによって他のニューロンと結合している. そして, ニューロンをノード, 軸索・シナプスをリンクとしたネットワークが形成されている. 信号の伝達をつながりとすると, 方向性のあるリンクとなる. 線虫の一種で

図6.3　線虫 *C. elegans* の神経網.
（Virtual Worm のホームページによる）

ある *C. elegans* の神経網は 302 個のニューロンから成り，その結合は完全に
わかっている（図 6.3）.

その他　我々の身の回りには，多くのネットワークが存在する．発
電所から変電所を通して各家庭や工場に送られてくる電力供給網，世界中の
都市を結ぶ航空路線網，都市を結ぶ長距離電車網や町を結ぶ地下鉄網は，
"網" とよばれるように，ネットワークそのものである．また，多くの会社
の関わる取引網など社会のインフラストラクチャーは何らかのネットワーク
になっており，さらに言葉をノードとし，同じ文章に出てくる言葉間にリン
クがあるとして，言葉のネットワークも考えられている.

　様々なスモールワールド型実在ネットワークのクラスター係数，平均経路
長を表 6.2 にまとめておく．また，表 6.3 にはスケールフリー型実在ネット
ワークの平均次数，指数γと平均経路長をまとめておく.

表 6.2　様々なスモールワールド型実在ネットワーク.（　）内はランダムグ
ラフのそれぞれの値を示す（参考文献 [1] の表 I のデータによる）.

名　称	ノード数	平均次数	クラスター係数	平均経路長
ウェブページ	153127	35.21	0.1078(0.00023)	3.1(3.35)
映画俳優	225226	61	0.79(0.00027)	3.65(2.99)
数学の論文の共著者	70975	3.9	$0.59(5.4 \times 10^{-5})$	9.5(8.2)
単語	460902	70.13	0.437(0.0001)	2.67(3.03)
電力供給網	4941	2.67	0.08(0.005)	18.7(12.4)
C. elegans	282	14	0.28(0.05)	2.65(2.25)

表 6.3　様々なスケールフリー型実在ネットワーク.γはベキ分布の指数.
（　）内はランダムグラフの値を示す（参考文献 [1] の表 II のデータによる）.

名　称	ノード数	平均次数	γ	平均経路長
インターネット	150000	2.66	2.4	11(12.8)
映画俳優	212250	28.78	2.3	4.54(3.65)
数学の論文の共著者	70975	3.9	2.5	9.5(8.2)
単語	460902	70.13	2.7	2.67(3.03)

§6.3 複雑ネットワークの構築

6.3.1 スモールワールドネットワーク

WS 構築

Watts と Strogatz[1] が提案した方法（**WS モデル**）では，次のアルゴリズムに従ってネットワークを構築する．

1. あらかじめ，目標とする平均次数 $\langle k \rangle$ を与える．

2. リング状に N 個のノードを並べ，各ノードから両隣のノード，その次のノード，$\cdots$，$\langle k \rangle / 2$ 番目のノードまでリンクで結ぶ（図 6.4 (a)）．

3. $N\langle k \rangle / 2$ 本あるリンクそれぞれについて，確率 f でつなぎ替える．

4. つなぎ替えることになったリンクのどちらかの端を確率 1/2 で選び，その端をランダムに選んだ他のノードにつなぐ．ただし，ループや多重リンクになる場合はノードを選び直す（図 6.4(b)）．

このようにしてつくられるネットワークのクラスター係数と平均経路長を求めよう．

まず，$f = 0$ の規則格子（1 次元のリング状の格子）のクラスター係数を

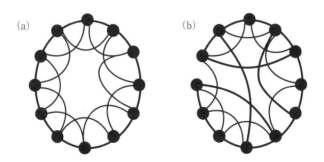

図 6.4 Watts と Strogatz[1] によるスモールワールドの構築．
  (a) 最初に準備する規則的状態．1 つのノードとその両側の $\langle k \rangle / 2$ 次近接点以内のノードに，リンクが張られている（$\langle k \rangle = 4$ の場合）．
  (b) 各リンクを確率 f でつなぎ替える．この図では，4 本のリンクがつなぎ替えられている．

求める．1つのノードは，片側に $\langle k \rangle/2$ 個のノードとつながっており，その $\langle k \rangle/2$ 個のノードは互いにつながっているので，${}_{\langle k \rangle/2}C_2 = (\langle k \rangle/2) \times (\langle k \rangle/2 - 1)/2$ のリンクがある．このノードにつながった反対側にある $\langle k \rangle/2$ 個のノードの間にも，同じ数のリンクがある．また，このノードにつながった両側のノードの間のリンクの数は，中央のノードから遠くなるほど少なくなることを考慮に入れれば，

$$\sum_{i=1}^{\langle k \rangle/2 - 1} \left(\frac{\langle k \rangle}{2} - i \right) = \frac{1}{2} \frac{\langle k \rangle}{2} \left(\frac{\langle k \rangle}{2} - 1 \right)$$

で与えられることが示される．

したがって，1つのノードにつながった $\langle k \rangle$ 個のノードの間にあるリンクの総数は

$$2 \times \frac{1}{2} \frac{\langle k \rangle}{2} \left(\frac{\langle k \rangle}{2} - 1 \right) + \frac{1}{2} \frac{\langle k \rangle}{2} \left(\frac{\langle k \rangle}{2} - 1 \right) = \frac{3}{2} \frac{\langle k \rangle}{2} \left(\frac{\langle k \rangle}{2} - 1 \right)$$

であり，一方，これらの $\langle k \rangle$ 個のノード間に可能なリンクの総数は，$\langle k \rangle$ 個のノードから2個のノードをとり出す場合の数 ${}_{\langle k \rangle}C_2 = \langle k \rangle(\langle k \rangle - 1)/2$ で与えられるから，クラスター係数 $C(0)$ は，これらの量の比をとって

$$C(0) = \frac{3\langle k \rangle - 6}{4\langle k \rangle - 4} \tag{6.1}$$

で与えられる．クラスター係数は局所的な特徴であるから，ネットワークの大きさには依存しない．

次に，$f = 0$ の規則格子の平均経路長を求める．まず，N 個のノードがリング状に並び，隣同士がリンクで結ばれた $\langle k \rangle = 2$ のネットワークを考える．1つのノードから一番遠くのノードまでの距離は，N が偶数のときは $N/2$，N が奇数のときは $(N-1)/2$ である．そこに至るまでの各ノードまでの距離を加えた量を，中心のノードを除くノード数 $N-1$ で割ると平均経路長が求まり，N が偶数の場合は

$$L = \frac{1}{N-1} \left(2 \sum_{l=1}^{N/2-1} l + \frac{N}{2} \right) = \frac{N^2}{4(N-1)} \sim \frac{N}{4} \tag{6.2}$$

N が奇数の場合は

$$L = \frac{1}{N-1}\left\{2\sum_{l=1}^{(N-1)/2}l\right\} = \frac{N+1}{4} \sim \frac{N}{4} \tag{6.3}$$

となる.

　各ノードの次数が $\langle k \rangle$ の場合, 1つのノードからは $\langle k \rangle/2$ 先のノードまでリンクがあり, 1ステップで $\langle k \rangle/2$ まで到達できるので, 全ノード数 N のネットワークの有効的な大きさが $N/(\langle k \rangle/2)$ のノード数に減ったと考えることができる. 上の結果から, この場合の平均経路長を

$$L(0) = \frac{N/(\langle k \rangle/2)}{4} \sim \frac{N}{2\langle k \rangle} \tag{6.4}$$

と見積もることができる.

　このように, 規則的なリンク状の配置のときは, $\langle k \rangle$ が N より十分小さいならば, 平均経路長は N の程度の量になる. なお, 当然のことながら, 次数はすべてのノードについて $\langle k \rangle$ である.

　次に, 完全にランダムにリンクがつくられる $f=1$ の場合を考察する. 最初に, 次数分布を求める. 1つのノードから見ると, 他の $N-1$ 個のノードにランダムにリンクをつくることになる. 他のノードにリンクをつくる確率 p は $p = \langle k \rangle/(N-1)$ である. したがって, 1つのノードの次数が k である確率 $P(k)$ は, 他の $N-1$ 個のノードのうち, k 個のノードがそのノードとリンクをつくり, 他の $N-1-k$ 個のノードがリンクをつくらない確率で与えられ, $N-1$ 個のノードから k 個のノードを選ぶ場合の数を考慮して,

$$P(k) = \frac{(N-1)!}{k!(N-1-k)!}p^k(1-p)^{N-1-k} \tag{6.5}$$

で与えられる.

　よく知られているように, この分布関数は $N \to \infty$ の極限でポアソン分布

$$P(k) \simeq \frac{\langle k \rangle^k}{k!}e^{-\langle k \rangle} \tag{6.6}$$

になる. また, ポアソン分布する次数の平均値は $\langle k \rangle$ であり, 次数の分散も $\langle k \rangle$ になる*.

次に, $f = 1$ の場合のクラスター係数を求める. 1つのノードからは $\langle k \rangle$ 本のリンクが出ており, それらの内から2個のノードを選ぶ場合の数は $_{\langle k \rangle}C_2$ であり, それらの対それぞれがリンクでつながれている確率は $p = \langle k \rangle / (N-1)$ なので, 三角形のモチーフの数は $_{\langle k \rangle}C_2 p$ で与えられる. したがって, クラスター係数は

$$C(1) = \frac{_{\langle k \rangle}C_2\, p}{_{\langle k \rangle}C_2} = p \sim \frac{\langle k \rangle}{N-1} \tag{6.7}$$

となる. 全ノード数 N が十分大きいと $C(1) \sim 0$ となり, 三角形モチーフは少なくなる.

平均経路長を L とすると, 各ステップごとに $\langle k \rangle$ の枝分かれがあるので, L ステップで全ノード数程度になると考えられるから, $N \sim \langle k \rangle^L$ と推定できる. これより

$$L(1) \sim \frac{\log N}{\log \langle k \rangle} \tag{6.8}$$

を得る.

$0 < f < 1$ のときは, クラスター係数や平均経路長を解析的に求めることはできないので, 計算機シミュレーションを用いて様々な量を求める必要がある. 図6.5に, このように構築されるネットワークのシミュレーションで

---

* $P(n) = e^{-\lambda}\lambda^n / n!$ のとき,

$$\langle n \rangle = \sum_{n=0} n \frac{e^{-\lambda}\lambda^n}{n!} = \lambda e^{-\lambda} \sum_{n=1} \frac{\lambda^{n-1}}{(n-1)!} = \lambda$$

同様に,

$$\langle n(n-1) \rangle = \sum_{n=0} n(n-1) \frac{e^{-\lambda}\lambda^n}{n!} = \lambda^2 e^{-\lambda} \sum_{n=2} \frac{\lambda^{n-2}}{(n-2)!} = \lambda^2$$

だから, n の分散は

$$\langle (n - \langle n \rangle)^2 \rangle = \langle n^2 \rangle - \langle n \rangle^2 = \langle n(n-1) \rangle + \langle n \rangle - \langle n \rangle^2 = \lambda$$

となる.

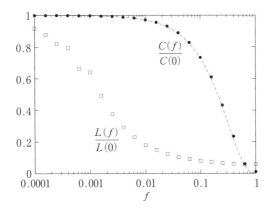

図 **6.5** WS 構築法でつくられたネットワークのクラスター係数 $C(f)$ と
平均経路長 $L(f)$ の f 依存性. $N = 1000$, $\langle k \rangle = 8$ について, 20 個の
サンプルの平均を示す. 破線で示した (6.9) 式は, f が小さいところの
クラスター係数をよく再現する. (藤江 遼氏 提供)

求められたクラスター係数 $C(f)$ と平均経路長 $L(f)$ のつなぎ替えのパラ
メータ f 依存性を示す. 図からわかるように, $0.004 \leq f \leq 0.1$ の領域では,
平均経路長 $L(f)$ は $f = 1$ のランダムグラフと同程度に短くなっているが,
クラスター係数 $C(f)$ は $f = 0$ の規則的なネットワークの場合のように大
きな値をもっている. すなわち, つなぎ替えの確率がこの領域にある場合,
構築されたネットワークは §6.1 で定義したスモールワールドの特徴をもっ
ている.

なお, $C(0) = (3\langle k \rangle - 6)/(4\langle k \rangle - 4)$ であったが, $f > 0$ のときにこの
値が変化しない確率は, 3 本のリンクが同時に置き換えられない確率として
見積もることができるので

$$\frac{C(f)}{C(0)} \sim (1 - f)^3 \tag{6.9}$$

が成り立つ. 実際, この近似式は, かなり広い範囲でシミュレーションの結
果を再現している.

別の構築法

WattsとStrogatzのスモールワールドの構築法では，リンクをつなぎ替えて，遠く離れたノード間のリンクをつくることによって，平均経路長 $L(f)$ を短くした．つなぎ替えられた各ノードの近傍の構造は様々に変化し，場合によっては，ノードが他の部分から遊離することもあり得る．最初に準備するネットワークの局所的な構造を保って，単に平均経路長を短くするには，ランダムに選んだ2つのノード間にリンクを付け加えればよい．ある程度以上のリンクを付け加えると，(6.8) と同様に

$$L \sim \log N \tag{6.10}$$

となり，スモールワールドが実現される．

高次元の規則格子を出発点としてスモールワールドをつくることもできる．ノードとリンクのつくる2次元正方格子を初期のネットワークとし，ランダムに2個のノード i, j を選ぶ．その位置ベクトルをそれぞれ $\boldsymbol{r}_i$, $\boldsymbol{r}_j$ として，i, j 間に確率

$$P_{ij} = 1 - e^{-|r_i - r_j|^{-\alpha}} \tag{6.11}$$

でリンクをつくると，原点からの距離が r 以下にあるノードは，$P_{0r} \sim r^{-\alpha}$ 程度の確率で原点とつながることになる．この領域には $\sim r^2$ のノードがあるから，原点からは確率 $r^{-(\alpha-2)}$ 程度で距離 r まで進めることになる．したがって，$\alpha < 2$ であれば遠くまでリンクが生じ，平均経路長の短いネットワークが構築される．

6.3.2　スケールフリーネットワーク

各ノードの次数の分布がベキ関数になるスケールフリーネットワークは，AlbertとBarabási[2] によって提案された，次の手順で構築できる．

1. 互いに連結している m_0 個のノードを用意する（図6.6(a)）．

2. $m \, (m \leq m_0)$ 本の枝をもつノードを追加し，m 本の枝をすでに存在するノードにつなぎ，リンクをつくる（図6.6(b)）．

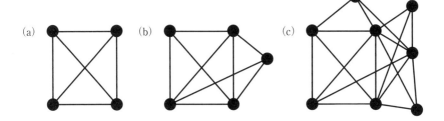

図 6.6 Albert と Barabási[2] によるスケールフリーネットワークの構築.
(a) 最初に用意されたノード.例として,$m_0 = 4$ を示す.
(b) m 本の枝をもつノードそれぞれを,すでにあるノードの中から k_i に比例する確率で選んだノードにつないでリンクをつくる.例として,$m = 3$ の場合を示す.
(c) 8 個のノードから成るネットワーク.

3. このとき,ノード i につなぐ確率を,そのノードの次数 k_i に比例するように,$k_i / \sum_j k_j$ にとり,同じノードには 2 本以上はつながない.

4. 目的のノード数になるまで,手順 2, 3 を繰り返す(図 6.6(c)).

このようにしてつくられるネットワークは,2 人の頭文字をとって **BA モデル**とよばれる.この BA モデルの次数分布を求めてみよう.

t ステップまでネットワークを構築したときの全ノード数を N' とすると,次のステップで各リンクがつくられる度に,ノード i のリンクは k_i に比例して増加するので,ノード i の次数 k_i が増加する割合は,

$$\frac{dk_i}{dt} = m \frac{k_i}{\sum\limits_{j=1}^{N'} k_j} \tag{6.12}$$

で与えられる.一方,この時点のリンクの総数は,最初のリンク数 $m_0(m_0 - 1)/2$ と増加したリンク数 mt の和 $m_0(m_0 - 1)/2 + mt$ であるから,握手補題 (5.8) により

$$\sum_{j=1}^{N'} k_j = 2\left\{ \frac{m_0(m_0 - 1)}{2} + mt \right\} \simeq 2mt \tag{6.13}$$

が成り立つ．したがって，次数 k_i の増加率は

$$\frac{dk_i}{dt} = \frac{k_i}{2t} \tag{6.14}$$

と表すことができる．

　ステップ t_i に追加されたノード v_i が，ステップ t において次数 k をもつ確率を，$P(k, t; t_i)$ としよう．ステップ $t + 1$ において，このノードの次数が k となるのは，

(1)　ステップ t のときに次数が $k - 1$ で，次のステップで次数が 1 増加する場合

(2)　ステップ t のときに次数が k で，次のステップで次数が変化しない場合

の 2 つの場合がある．したがって，ステップ $t + 1$ において，このノードの次数が k となる確率 $P(k, t + 1 ; t_i)$ は，それぞれの場合の確率を加えて

$$P(k, t + 1 ; t_i) = \frac{k - 1}{2t} P(k - 1, t ; t_i) + \left(1 - \frac{k}{2t}\right) P(k, t ; t_i) \tag{6.15}$$

で与えられる．

　次数分布は，t_i にかかわらず次数 k をもつノード数を全ノード数 $m_0 + t$ で割った量で与えられるから，t が十分大きい場合，$m_0 + t \simeq t$ と近似して，

$$P(k) = \lim_{t \to \infty} \frac{\sum_j P(k, t ; t_j)}{t} \tag{6.16}$$

と表せる．(6.15) 式を t_i について 1 から $t + 1$ まで和をとると，

$$\sum_{t_i = 1}^{t+1} P(k, t + 1 ; t_i) = \frac{k - 1}{2t} \sum_{t_i = 1}^{t} P(k - 1, t ; t_i) + \left(1 - \frac{k}{2t}\right) \sum_{t_i = 1}^{t} P(k, t ; t_i) \tag{6.17}$$

が成り立つ．ただし，$P(k, t ; t + 1) = 0$ を用いた．したがって，次数分布は

$$(t + 1) P(k) = \frac{k - 1}{2} P(k - 1) + \left(t - \frac{k}{2}\right) P(k) \tag{6.18}$$

の関係を満たし，漸化式

$$P(k) = \frac{k-1}{k+2}P(k-1) \tag{6.19}$$

が導かれる．

したがって，次数分布は

$$P(k) \sim \frac{C}{k(k+1)(k+2)} \tag{6.20}$$

の形をしており，k が大きいときは

$$P(k) \propto k^{-3} \tag{6.21}$$

となる．

BA モデルは，数学的にも詳しく解析されており，平均経路長は $m = 1$ のときは $\sim \log N$ であり[3]，$m \geq 2$ のときは $\log N / \log(\log N)$ が示されている[4]．クラスター係数については，N が大きいときに，漸近的に $(\log N)^2/N$ になることが示されている[5]．

6.3.3 その他のネットワークの構築アルゴリズム

任意のベキをもつスケールフリーネットワーク

BA モデルを少し変形して，ノード i にリンクを張る確率にバイアスを加えて $k_i + \beta$ とする．t ステップまでネットワークを構築し，次のステップでノード i の次数 k_i が増加する割合は，

$$\frac{dk_i}{dt} = m\frac{k_i + \beta}{\sum_{j=1}^{N'}(k_j + \beta)} \sim \frac{m(k_i + \beta)}{(2m + \beta)t} \tag{6.22}$$

で与えられる．すなわち，k_i の増加率は

$$\frac{1}{k_i + \beta}\frac{dk_i}{dt} = \frac{m}{2m + \beta}\frac{1}{t} \tag{6.23}$$

で与えられ，$t = t_0$ のとき $k_i = k_{i0}$ の初期条件をおくと

$$\frac{k_i + \beta}{k_{i0} + \beta} = \left(\frac{t}{t_0}\right)^{m/(2m + \beta)} \tag{6.24}$$

と表せる.

　時刻 t において k_i が k 以下となるノード数は, t_0 が, この式で $k_i = k$ となる時刻以後のものだから,

$$\left(\frac{k_{i0} + \beta}{k + \beta}\right)^{2 + \beta/m} \cdot t < t_0 < t \tag{6.25}$$

の間に追加されたノードになる. したがって, 次数が k 以下のノードの割合 $P(k_i < k)$ は, この追加されたノード数を全ノード数 $m_0 + t$ で割った

$$P(k_i < k) = \frac{1}{m_0 + t}\left\{t - \left(\frac{k_{i0} + \beta}{k + \beta}\right)^{2 + \beta/m} t\right\} \tag{6.26}$$

で与えられる. 次数分布は $P(k) = dP(k_i < k)/dk$ で与えられるから,

$$P(k) = \frac{t}{(m_0 + t)(k_{i0} + \beta)}\left(2 + \frac{\beta}{m}\right)\left(\frac{k_{i0} + \beta}{k + \beta}\right)^{3 + \beta/m} \propto k^{-3 - \beta/m} \tag{6.27}$$

を得る.

　スケールフリーの特徴を表す指数は $\gamma = 3 + \beta/m$ で与えられるから, $-m \leq \beta < \infty$ の β を用いれば, $2 < \gamma < \infty$ のベキをもつスケールフリーネットワークをつくることができる. $\beta = 0$ のときは, BA モデルに帰着する.

　$\beta = -m$ のときは, 追加するノードのもつ枝の数以上の次数のノードにのみ, リンクをつくることになる. また, β が大きいときは, 次数とは関係せずにリンク先を選ぶという過程に近づく. なお, このネットワークのクラスター係数が $\log N/N$ となることが示されている[6].

スケールフリーなスモールワールド

　すでに述べたように, BA モデルで構築されるネットワークではクラスター係数が小さく, スモールワールドにはならない. ネットワークを構築する過程において, 三角形モチーフを導入することによって, クラスター係数を大きくすることができる[7].

　6.3.2 項で述べた, BA モデルの構築手順の第 2, 第 3 のステップを次のように改める.

2.　$m\,(m \le m_0)$ 本の枝をもつノードを追加し，最初の枝を，すでに存在するノードと，そのノードの次数 k_i に比例する確率でリンクをつくる.

3.　残りの枝は，確率 p で，このステップでリンクをつくった先のノードとリンクのあるノードから選び，三角形モチーフをつくる. 確率 $1-p$ で，第 2 のステップと同じ方法でリンク先を選ぶ.

もちろん，2つのノード間には 2 重のリンクが生じないように制限をおく. この手順に従えば，ノードを追加する度に $m_t = (m-1)p$ 個の三角形モチーフがつくられることになり，m_t をパラメータとして様々なネットワークをつくることができる. そして，$m_t > 0$ の場合，

(1)　スケールフリーネットワークになること

(2)　クラスター係数は全ノード数 N が十分大きくても有限の値をもつこと

(3)　平均経路長は $\log N$ 程度になること

が示されている[7].

問　　題

1.　$f = 1$ の WS 型ネットワーク（ランダムグラフ）について，クラスター係数 C と平均経路長 L を，平均次数 $\langle k \rangle$ の関数として求めよ.

2.　BA モデルのスケールフリーネットワークの次数分布 $P(k)$ の漸化式 (6.19) 式の解が，(6.20) 式で与えられることを示せ.

参 考 文 献

[1]　D. J. Watts and S. H. Strogatz : Nature **393** (1998) 440.

[2]　R. Albert and A. L. Barabási : Rev. Mod. Phys. **74** (2002) 47.

[3]　M. E. J. Newman, S. H. Strogatz and D. J. Watts : Phys. Rev. **E64** (2001) 026118.

[4]   B. Bollobás and O. Riordan : Combinatorica **24** (2004) 5.

[5]   K. Klemm and V. M. Eguíluz : Phys. Rev. **E65** (2002) 057102.

[6]   N. Eggemann and S. D. Noble : Disc. Appl. Math. **159** (2011) 953.

[7]   P. Holme and B. J. Kim : Phys. Rev. **E65** (2002) 026107.

第 7 章

複雑ネットワーク上の物理過程

　物質が示す性質は，その物質を構成する原子や分子の配列と，原子や分子間の相互作用，および原子や分子上の電子の運動によって決まる．ネットワークにおいても，何らかの相互作用のある要素がノード上に存在すると，その要素の集団の性質にはネットワークの構造が反映するはずである．この章では，ネットワークを舞台とするいくつかの物理現象について解説する．

§7.1 ネットワーク上のパーコレーション

　第2章で定義したパーコレーション過程では，格子点上あるいは連続空間内に分布した要素間に何らかのつながりを仮定し，互いにつながった要素のクラスターがどのように広がるかを考えた．格子を何らかの方法で構成されたネットワークに置き換えれば，同様に，ネットワーク上のパーコレーション過程が定義できる．通常のパーコレーション過程では，要素間のつながりは要素間の距離で決められていた．ネットワーク上の過程では，占有されている2つのノード間の空間的な距離ではなく，それらのノード間につながりを許すリンクがある場合に，「それらの要素がつながった」とよぶことにする．

　サイト過程では，リンクは必ずつながりを許すものとし，各ノードに確率pで要素を配置し，互いにリンクで結ばれているノード上の要素がつながったと考える．一方，**ボンド過程**では，すべてのノードが要素で占有されているとし，2つのノードを結ぶリンクが要素間のつながりを許すか許さないかの2状態をランダムにとると仮定する．

　互いにつながった要素を**クラスター**とよぶ．通常のパーコレーション過程では，つながりの生じる要素間の距離は有限であり，互いにつながった要素が無限に広がるか否かを問題とした．つながりが無限に広がれば，つながった要素のつくり出すクラスターが無限に大きくなり，クラスターが無限に大きくなることと，つながりが無限に広がることは等価であった．

　一方，複雑ネットワークでは，遠く離れたノード間にもリンクが存在できるので，遠く離れた2つのノード上の要素につながりがあることと，クラスターが大きくなることは等価ではない．したがって，複雑ネットワーク上のパーコレーション過程では，クラスターの大きさに着目し，最大のクラスターが全ノードに占める割合を考えることになる．

7.1.1 サイト過程

　1種類の要素をノードとし，それらがリンクで結ばれたネットワークがあ

るとき，さらにその上に別の要素が乗っかって，独自のネットワークを形成することがよくある．例えば，ルーターをノードとするインターネットは世界的に広がったネットワークであるが，LINE を利用している人は，インターネットのネットワーク上に，LINE でつながっている友達同士のネットワークをつくっている．このような状況をモデル化して，複雑ネットワーク上のサイト過程を考察しよう．

まず，2.4.2 項で述べた母関数の方法を用いて，複雑ネットワーク上のサイト過程を考える．1 つのノードに着目し，そのノードを含む互いにつながった占有されたノード数が n である確率を $P(n, p)$ として，母関数 $H_0(x, p)$ を

$$H_0(x, p) = \sum_{n=0} P(n, p) x^n \tag{7.1}$$

によって定義する．さらに，着目したノードと直接リンクのあるノードが，元のノードを含まずに n 個の互いにつながったクラスターの一部になっている確率を $Q(n, p)$ として，その母関数 $H_1(x, p)$ を

$$H_1(x, p) = \sum_{n=0} Q(n, p) x^n \tag{7.2}$$

によって定義する（図 7.1）．

2.4.2 項で述べたベーテ格子の場合と異なり，複雑ネットワークの場合，1 つのノードから出るリンク数は分布しており，またリンク同士が先でつながっていることもある．ここでは，次数分布 $P(k)$ のみを考慮に入れて平均

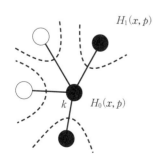

図 7.1 次数 k のノードにつながったノードの母関数が $H_0(x, p)$ であり，その先のノードの母関数が $H_1(x, p)$ である．

場近似で話を進める.

　まず, 1つのノードが, 確率 p でつながりをつくる要素で占有されている
とする. このとき, 1つのノードが空である確率は $1 - p$ となる. あるノー
ドが要素で占有されている場合, そのノードとリンクをもつノードの数は
$0, 1, 2, \cdots, k, \cdots$ が可能であり, それぞれ確率 $P(0), P(1), P(2), \cdots, P(k), \cdots$
で出現する. また, そのノードから元のノードを含まない方向にできるクラ
スターについての母関数が $H_1(x, p)$ である. したがって, 母関数 $H_0(x, p)$
は平均として

$$H_0(x, p) = 1 - p + px\{P(0) + P(1)H_1(x, p) + P(2)H_1(x, p)^2 + \cdots\}$$
$$= 1 - p + px G_0(H_1(x, p)) \tag{7.3}$$

と表すことができる. ただし, $G_0(x)$ は (5.32) 式で定義した次数分布の母
関数である.

　同様にして, 母関数 $H_1(x, p)$ は, 条件付き次数分布 (5.26) に注意して,

$$H_1(x, p) = 1 - p$$
$$+ px\left\{\frac{1 \times P(1)}{\langle k \rangle} + \frac{2 \times P(2)}{\langle k \rangle}H_1(x, p) + \frac{3 \times P(3)}{\langle k \rangle}H_1(x, p)^2 + \cdots\right\}$$
$$= 1 - p + px G_1(H_1(x, p)) \tag{7.4}$$

と表される. $G_1(x)$ は, (5.37) 式で定義した隣のノードの次数分布の母関
数である.

　このように, 平均として成り立つ関係式に基づいた考え方は, **平均場近似**
とよばれる.

　注目する中心のノードを含むクラスターの大きさの平均値は

$$\langle s \rangle = \sum_n n P_0(n, p) = \frac{d}{dx}H_0(x, p)\bigg|_{x=1} \tag{7.5}$$

で与えられる. (7.3) 式から, $G_0(1) = 1$ および $H_0(1, p) = 1$ を用いて,

$$H_0'(1, p) = p + p G_0'(1)H_1'(1, p) \tag{7.6}$$

が示される. 一方, (7.4) 式から

$$H_1'(1, p) = p + pG_1'(1)H_1'(1, p) \tag{7.7}$$

であるから,

$$H_1'(1, p) = \frac{p}{1 - pG'(1)} \tag{7.8}$$

と表すことができる. したがって, 任意のノードを含むクラスターの大きさの平均値は

$$\langle s \rangle = p\left\{1 + \frac{pG_0'(1)}{1 - pG_1'(1)}\right\} \tag{7.9}$$

で与えられる.

この値は, p が小さいときは有限であるが, p が増加して $1 - pG_1'(1) = 0$ を満たすところで発散するので, この値が複雑ネットワーク上のサイト過程の臨界確率* p_c となり, (5.39) 式を用いて,

$$p_c = \frac{1}{\dfrac{\langle k^2 \rangle}{\langle k \rangle} - 1} \tag{7.10}$$

を得る.

7.1.2　ボンド過程

生命が機能するのは, 多くの化学反応が自己触媒となるように, 相互につながった大きなネットワーク構造をもつからであると考えられている. 逆に, 電力供給網のように物理的にノードがつながれているネットワークでは, 常にそのリンクが切れる恐れがある. 切れたリンク数が少ないときは, ネットワークの機能は損なわれないが, ある臨界的な割合以上のリンクが切れると, ネットワークが機能しなくなることが予想される.

問題を抽象化すると, すべてのノードの上に要素を置き, リンクを通して確率的につなぐときに, 要素のつながりがどれくらい大きくなるかという問

＊ 第4章までに述べたパーコレーション過程では**臨界浸透確率**とよんだが, ここでは単に**臨界確率**とよぶことにする.

題，すなわち複雑ネットワーク上のボンド過程を考えることになる．

　複雑ネットワーク上のボンド過程についても，前項と同様に平均場近似を用いることで，クラスターが無限に大きくなるための臨界確率を求めることができる．

　任意のリンクの両端にある要素間につながりが生じる確率を p としよう．前項と同様に，任意のノードを含むクラスターの大きさが n である確率 $P(n, p)$，および (7.1) 式の母関数 $H_0(x, p)$ を定義する．このノードは常に要素で占有されているので，(7.3) 式に対応する式は

$$H_0(x, p) = x\{P(0) + P(1)H_1(x, p) + P(2)H_1(x, p)^2 + \cdots\}$$
$$= xG_0(H_1(x, p)) \tag{7.11}$$

となる．また，任意のノードから出る 1 本のリンクの先のノードが，大きさ n のクラスターに属す確率 $Q(n, p)$ の母関数 $H_1(x, p)$ は，(7.4) 式と同じ関係

$$H_1(x, p) = 1 - p + pxG_1(H_1(x, p)) \tag{7.12}$$

を満たす．

　任意のノードを含むクラスターの平均の大きさは，前項と同様

$$\langle s \rangle = H_0{}'(1, p) \tag{7.13}$$

である．また，(7.11) 式から

$$H_0{}'(1, p) = 1 + G_0{}'(1)H_1{}'(1, p) \tag{7.14}$$

(7.12) 式から

$$H_1{}'(1, p) = p + pG_1{}'(1)H_1{}'(1, p) \tag{7.15}$$

となるので

$$H_1{}'(1, p) = \frac{p}{1 - pG_1{}'(1)} \tag{7.16}$$

と表すことができ，クラスターの平均の大きさは

$$\langle s \rangle = 1 + \frac{pG_0{}'(1)}{1 - pG_1{}'(1)} \tag{7.17}$$

で与えられる．したがって，ボンド過程の臨界確率は (5.39) 式より

$$p_c = \frac{1}{G_1{}'(1)} = \frac{1}{\dfrac{\langle k^2 \rangle}{\langle k \rangle} - 1} \tag{7.18}$$

となり，サイト過程と同じ値になる．

7.1.3 スモールワールドにおけるパーコレーション

§6.2で述べたように，身近なネットワークには，スモールワールドになっているものが多い．スモールワールドがもつ平均経路長が短いという特徴が，どのようにクラスター形成に影響を与えるかは興味のあるところである．

ここでは，**変形 Watts – Strogatz モデル**（変形 WS モデル）でつくられたスモールワールド上のパーコレーション過程を考え，平均経路長が短いという特徴がどのようにパーコレーション過程に影響を及ぼすかを明らかにする．

最初に WS モデルと同様に，1次元状に並んだ各ノードの両側に，近いところから順に $\langle k \rangle/2$ 番目のノードまでリンクをつくる．ただし，$\langle k \rangle$ は想定する平均次数である．各ノードには確率 p でつながりを形成する要素を置く．1つの占有されたノードから見て，片側の $\langle k \rangle/2$ 個のノードがすべて占有されていなければ，そのノードからのつながりは生じず，その確率は $(1-p)^{\langle k \rangle/2}$ である．したがって，この方向につながりが生じる確率 p' は

$$p' = 1 - (1-p)^{\langle k \rangle/2} \tag{7.19}$$

で与えられる（図 7.2）．

この p' が，§2.3の p と同じはたらきをし，したがって，あるノードが大

図7.2 灰色で示した1つのノードから見たとき，右側に連続して $\langle k \rangle/2$ 個のノードが空であると，右方向にはつながらなくなる．したがって，その方向につながる確率は $p' = 1 - (1-p)^{\langle k \rangle/2}$ である．

きさ s のクラスターに属す確率は

$$P(s) = spp'^{s-1}(1-p')^2 \qquad (s \geq 1) \tag{7.20}$$

で与えられる. $s=0$ のときは, そのノードが占有されていないことである
から,

$$P(0) = 1 - p \tag{7.21}$$

である.

変形 WS モデルでは, スモールワールドにするために $f\langle k\rangle N/2$ 個のリン
クを追加する. f は, 平均経路長をコントロールするモデルのパラメータで
あり, f が大きいほど, 平均経路長が短くなる.

追加するリンクの端点は $f\langle k\rangle N$ 個あり, それらのいくつかが s 個のクラス
ターにつながっている. 1つの端点が s 個のどれかになっている確率は
s/N であるから, s 個のノードから m 個の追加したリンクが出ている確率
は, 2項分布

$$P(m|s) = {}_{f\langle k\rangle N}C_m\left(\frac{s}{N}\right)^m\left(1-\frac{s}{N}\right)^{f\langle k\rangle N - m} \tag{7.22}$$

で与えられる. これらの m 個のリンク ($l = 1, 2, \cdots, m$ とする) の先には
1つのノードがあり, そこから, 占有されたノードのクラスターが広がる.

リンク l の先に大きさ S_l のクラスターがある確率を $P_l(S_l)$ とすると,
1つのノードの属すクラスターの大きさの分布関数の母関数は

$$H_0(x) = \sum_n P(n)x^n \sum_{m=0} P(m|n) \sum_{l=1}^{m} \sum_{S_l} P_l(S_l)x^{S_l} \tag{7.23}$$

と表すことができる. この式の n は, リンクを追加する前の, 最初に用意
した1次元状のノードのクラスターの大きさを表している. そして, そのク
ラスターから追加したリンクが m 本出ており, そのリンクの先が大きさ S_l
のクラスターになっていることを表している.

計算を進めるために, 各リンク間の相関を無視する近似 (ベーテ近似) を
用いて $\sum_{S_l} P(S_l)x^{S_l} \cong H_0(x)$ と見なすと,

$$H_0(x) = \sum_{n=0}^{\infty} n p p'^{n-1} (1-p')^2 x^n$$

$$\times \sum_{m=0}^{f\langle k\rangle N} {}_{f\langle k\rangle N}\mathrm{C}_m \left(\frac{n}{N}\right)^m \left(1-\frac{n}{N}\right)^{f\langle k\rangle N - m} \{H_0(x)\}^m \quad (7.24)$$

で近似できる．ここで，2項定理を用いると，第2の和を

$$\sum_{m=0} {}_{f\langle k\rangle N}\mathrm{C}_m \left(\frac{n}{N}\right)^m \left(1-\frac{n}{N}\right)^{f\langle k\rangle N - m} \{H_0(x)\}^m = \left[1 + \{H_0(x)-1\}\frac{n}{N}\right]^{f\langle k\rangle N}$$

$$(7.25)$$

と表すことができ，さらに，ノード数 N が十分大きいとすれば

$$\left[1 + \{H_0(x)-1\}\frac{n}{N}\right]^{f\langle k\rangle N} \sim \exp\left[\{H_0(x)-1\}f\langle k\rangle n\right] \quad (7.26)$$

と近似できる．この式を (7.24) 式に代入して，和を求めると

$$H_0(x) = 1 - p + \frac{p(1-p')^2 x e^{\{H_0(x)-1\}f\langle k\rangle}}{1 - p' x e^{\{H_0(x)-1\}f\langle k\rangle}} \quad (7.27)$$

となる．

母関数の定義から，任意のノードを含むクラスターの大きさの平均値は

$$\langle s\rangle = \frac{d}{dx}H_0(x)\Big|_{x=1} \quad (7.28)$$

で与えられる．(7.27) 式を x で微分して，$x=1$ とおくと，

$$H_0'(1) = \frac{p(1+p')}{1-p'} + \frac{pf\langle k\rangle(1+p')}{1-p'}H_0'(1) \quad (7.29)$$

であり，したがって，クラスターの平均の大きさは

$$\langle s\rangle = H_0'(1) = \frac{p(1+p')}{1-p'-p(1+p')f\langle k\rangle} \quad (7.30)$$

で与えられる．そして，パーコレーションの臨界確率は，(7.30) 式の分母がゼロとなる条件

$$p' = \frac{1 - f\langle k\rangle p}{1 + f\langle k\rangle p} \quad (7.31)$$

と，p' の定義式 (7.19) の $p' = 1 - (1-p)^{\langle k\rangle/2}$ を連立させて求めることができる．

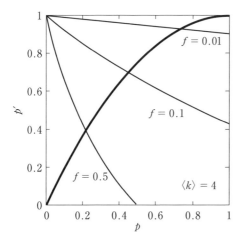

図 7.3 関数 $p' = 1 - (1-p)^{\langle k \rangle /2}$（太線）と $p' = (1 - f\langle k \rangle p)/(1 + f\langle k \rangle p)$（細線）の交点が臨界確率を与える. $\langle k \rangle = 4$ の場合に, $f = 0.01, 0.1, 0.5$ について図示している.

　例として $\langle k \rangle = 4$ の場合に, (7.19) 式の p 依存性と, $f = 0.01, 0.1, 0.5$ の場合の (7.31) 式の p 依存性を図 7.3 に示す. 2 つの条件式の曲線の交点が, 臨界確率 p_c を与える. 図の太線と細線の交点から, それぞれの f について, $p_c \sim 0.76, 0.45, 0.22$ が求まる.

§7.2　ネットワーク上の動的過程

7.2.1　有限記憶ウォーク

　「SNS 上で炎上」というフレーズをよく聞くが, これは, ネットワーク上に, ある特定の非難や批判が集中し, 収拾がつかない状態を意味している. 情報や伝染病が複雑ネットワーク上をどのように伝わっていくのかを明らかにすることは, 社会現象などを理解する上で極めて重要である.

　ここでは, 複雑ネットワーク上の**ランダムウォーク (RW)** を考察する. ランダムウォークは, ブラウン運動する微粒子の運動を記述するために 100 年以上も前に導入されたモデルであるが, 不規則な媒質中で起こる時間的に不規則な運動を記述する最も単純なモデルとして, 現代においても物性物理学はもちろんのこと, 経済物理学や社会物理学においても広く応用されている.

§3.7において，パーコレーション過程をランダムウォークを用いて動的過程として定式化した．ここでは，複雑ネットワーク上のノード間をリンクに沿ってランダムウォークする粒子（**ランダムウォーカー**）の振る舞いが，通常の格子上のものとどのように異なるのかを見ることにする．

通常のランダムウォークを含む形で，少し一般化したランダムウォークを考える．いま，時刻 t において粒子が存在するノードを i とする．粒子は，ノード i とリンクでつながるノードの中から1つをランダムに選び，そのノードには過去の m ステップ $(t-m, t-m+1, \cdots, t-1)$ では訪れたことがなければ，時刻 $t+1$ でそのノードに移る．それ以外では，時刻 $t+1$ においてもノード i に留まる．$m=0$ のときは通常のランダムウォーク，$m=\infty$ のときは**自己回避（セルフアボイディング）ランダムウォーク**（**SAW**）に対応し，$0 < m < \infty$ のときは**有限記憶ランダムウォーク**（**FMW**）とよばれる．

最も注目される物理量は，n ステップ後にいるノード $x(n)$ と，出発点のノード $x(0)$ の距離である．ただし，2つのノード間の距離はそれらの点の最短経路長で定義される．同じ出発点からのウォークを何度も繰り返し，それぞれのウォークの到達距離 $r(n)$ の2乗の平均を

$$\langle r(n)^2 \rangle \cong n^{2\nu(m)} \tag{7.32}$$

と表す．$r(n)$ は，通常のランダムウォークの場合はユークリッド空間の距離であり，複雑ネットワーク上のウォークの場合は最短経路長である．通常のランダムウォークの場合，次元によらず $\nu(0) = 1/2$ であり，自己回避ウォークの場合は，2次元空間では $\nu(\infty) = 3/4$，3次元空間では $\nu(\infty) = 0.5877$ となることが知られている．

図7.4に，$\langle k \rangle = 10$ の WS 型スモールワールド（$f = 0.1$）上の FMW（$m = 0, 1, 2, 3, 4, 5, 6$）の平均2乗変位を，ステップ数 n の関数として示す．$n < m$ のときは，FMW の平均2乗変位は SAW のものと同じ曲線上にあり，$n > m$ になると，通常のランダムウォークのものと同様の振る舞いに

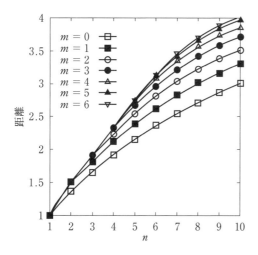

図 7.4　$\langle k \rangle = 10$ の WS 型スモールワールド ($f = 0.1$) 上の FMW の平均 2 乗変位のステップ数 n 依存性. 下から順に $m = 0 \sim 6$ の結果を示す.（H. Oshima and T. Odagaki : J. Phys. Soc. Jpn. **81** (2012) 074004 による）

移る. この特徴は, 普通の格子上の場合と同じである[1].

FMW の記憶の長さが顕著に影響を与える量として, **回帰時間**を考えることができる. 同じノードを出発する多くの FMW を考え, そのウォークの中ではじめて出発したノードに戻るまでのステップ数を求めることができる. 全ウォークの中で, ステップ数 n で出発点に戻ったウォークの数の割合 $f(n)$ を**初回帰時間分布**とよび, **平均回帰時間** $t_r(m)$ を

$$t_r(m) = \frac{\sum_n n f(n)}{\sum_n f(n)} \tag{7.33}$$

で定義する. 図 7.5(a) に, $\langle k \rangle = 10$ の WS 型ネットワーク上の FMW について, スモールワールドの場合 ($f = 0.1$) の初回帰時間分布の n 依存性を示す. また図 7.5(b) は, 異なった f をもつ WS 型ネットワークについて, FMW の平均回帰時間の m 依存性を示す[1].

初回帰時間分布は, $m = 0, 1$ のときはベキ関数に従った減少を示し, $m \geq 2$ のときは指数関数的に減衰する. また, 平均回帰時間は $m = 2$ で大きく変化する. これは, $m = 0, 1$ の FMW は通常のランダムウォークと同

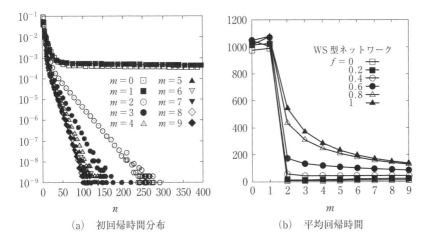

(a) 初回帰時間分布　　　　　(b) 平均回帰時間

図 7.5　$\langle k \rangle = 10$ の WS 型ネットワーク上の FMW.
(a)　スモールワールド ($f = 0.1$) の場合の初回帰時間分布の n 依存性.
(b)　異なった f をもつ WS 型ネットワークの平均回帰時間の m 依存性.
(H. Oshima and T. Odagaki : J. Phys. Soc. Jpn. **81** (2012) 074004 による)

じ振る舞いをし，経路の構造には依存しないが，$m \geq 2$ になると，経路に
ループがあるかどうかが大きく影響するからである．クラスター係数が大き
いネットワークでは，三角形モチーフが多く存在し，3 ステップ目に元に戻
れなくなる効果が顕著になっている．

　WS 型ネットワークのクラスター係数 C は，図 6.5 に示したように，リ
ンクのつなぎ替えの確率 f によって変化する．様々なクラスター係数をも
つ WS 型ネットワークにおける，$m = 2$ の FMW の平均回帰時間を，クラ
スター係数の関数として図 7.6 に示す．$C \leq 0.5$ のネットワークでは，C の
増加と共に三角形モチーフが増加し，平均回帰時間が減少する．$C > 0.5$ の
領域では，ショートカットの減少による平均経路長が大きく変化し，平均回
帰時間は少し増加する[1].

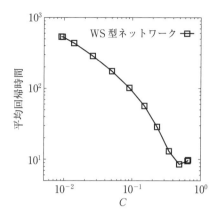

図7.6 ⟨k⟩ = 10 の WS 型ネットワーク
上の FMW の平均回帰時間をクラス
ター係数の関数として示す.(H. Oshima
and T. Odagaki : J. Phys. Soc. Jpn. **81**
(2012) 074004 による)

7.2.2 連成振動子系の同期現象

振動子が互いに相互作用を及ぼし合う連成振動子系は,相互作用が強くな
るとすべての振動子が位相をそろえ,さらに同じ振動数で振動する**同期現象**
を示すことが知られている.同期現象は,多くの生物系でも見られる現象で
あり,理論的にも多くの解析が行われている[2].

同期現象は,互いに隣接する振動子が情報を交換して引き起こされるか
ら,その特徴は振動子間の相互作用のつくるネットワークの構造に依存する
はずである.この項では,スモールワールドネットワークのノード上に置か
れた振動子がリンクを通して相互作用する,連成振動子系で見られる同期現
象の特徴を明らかにする.

ノード i にある振動子の位相 θ_i が,微分方程式

$$\frac{d\theta_i}{dt} = \omega_i - K \sum_{j=1}^{N} A_{ij} \sin\{2\pi(\theta_i - \theta_j)\} \qquad (7.34)$$

に従う振動子系を考える.ただし,$K > 0$ とし[2],(A_{ij}) は (5.7) 式で定義
された隣接行列である.各振動子は複雑な振動をするので,観測時間 T に
おける振動子 i の振動数の観測値を

$$\widetilde{\omega}_i = \frac{\theta_i(T) - \theta_i(0)}{T} \tag{7.35}$$

で定義する.そして,リンクで互いに直接つながった2つの振動子の振動数の差が $1/2T$ 以下のとき,これらの振動子が同期していると見なすことにする.

互いに同期している振動子は集団に分かれるので,各集団の中の振動子の数によって,その集団の大きさを定義する.そこで,最も多くの振動子を含む集団の中の振動子数の,全振動子数に対する割合 r を,系全体の振動数同期の程度を表す秩序変数とする.

一方,振動子の位相についても,同期しているかどうかを考えることができる.この位相同期の程度を見るために,位相が 2π の整数倍ずれても同じであることに注意して,位相 $2\pi\theta_i$ を大きさが1より小さくなる $e^{2\pi i\theta_i}$ に変換し,位相同期の程度を表す秩序変数を

$$M = \frac{1}{N} \left\langle \left| \sum_{i=1}^{N} e^{2\pi i\theta_i} \right| \right\rangle_T \tag{7.36}$$

によって定義する.ただし,$\langle\cdots\rangle_T$ は観測時間についての平均を表す.

与えられたネットワークに対して,連立方程式 (7.34) を数値的に解いた $\theta_i(T)$ から秩序変数を計算し,秩序変数が結合の強度を表すパラメータ K にどのように依存するかを調べる.パラメータ K が小さいときは同期が見られず,K の値がある閾値 K_c を超えると同期することが示される[3].

当然,同期の状況はネットワークの構造に依存する.図 7.7 に,WS 型ネットワークの場合の閾値 K_c のパラメータ f 依存性を示す.K_c^r,K_c^M はそれぞれ,振動数同期,位相同期の閾値を表す.

f が小さい領域,すなわち,つなぎ替え頻度が少ないスモールワールドの場合,K_c^r,K_c^M の値に差が見られ,振動数同期が小さな相互作用でも起こることがわかる.

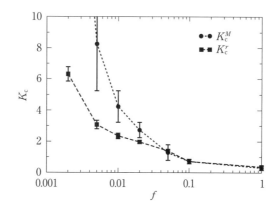

図 7.7　WS 型ネットワーク状に連結された位相振動子が同期を
起こす相互作用パラメータの，閾値の f 依存性を示す．K_c^τ,
K_c^M はそれぞれ，振動数同期，位相同期の閾値を表す．
（F. Mori and T. Odagaki : Physica **D238**（2009）1180 による）

7.2.3　連 想 記 憶

　動物の脳を構成する神経回路網は，ニューロン（神経細胞）の中の細胞体
をノード，軸索をリンクとする複雑ネットワークであることが知られてい
る．特に線虫の一種 *C. elegans* の神経回路は完全にわかっており，その主要
部分はノード数 251，平均次数 $\langle k \rangle \simeq 14$，平均経路長 $L \simeq 2.65$，クラスター
係数 $C \simeq 0.245$ のスモールワールドになっていることが知られている．実際，
同じ平均次数 14 をもつネットワークの場合，WS モデルでは $L = 2.54$,
$C = 0.261$ であり，確率分布を表すランダムグラフでは $L = 2.38$, クラス
ター係数 $C = 0.0525$ であるから，*C. elegans* の神経回路網はスモールワー
ルドに近いことがわかる．

　さて，複雑ネットワーク状の構造をもつ神経回路網の連想記憶を考えよ
う．ネットワークの構造は，2 つのノード i, j 間のつながりを表す A_{ij} から
つくられる隣接行列 (A_{ij})（(5.7) 式）で表される．神経回路網のモデルと
して，McCulloch と Pitts[4] のモデルを用いる．各ノードに置かれた細胞体

は，**発火状態**と**静止状態**という 2 つの状態をとるものとする．そこで，ノード i の状態を S_i で表し，$S_i = 1$ を発火状態，$S_i = -1$ を静止状態とする．

細胞体間の結合（リンク）J_{ij} は，神経回路網に蓄えられた記憶によって決められる．記憶が p 個蓄えられているとし，それぞれを番号 μ（$\mu = 1, 2, 3, \cdots, p$）で表す．記憶は全細胞体の状態に蓄えられるので，それを $\xi^\mu = (\xi_1^\mu, \xi_2^\mu, \cdots, \xi_N^\mu)^t$ の N 次元縦ベクトルで表す．ただし，$\xi_i^\mu = \pm 1$ として，最大 2^N 個のパターンを用意する．

細胞体間の結合の強さは，**ヘッブ則**とよばれる

$$J_{ij} = \begin{cases} \dfrac{1}{\langle k \rangle} A_{ij} \sum_{\mu=1}^{p} \xi_i^\mu \xi_j^\mu & (i \neq j) \\ 0 & (i = j) \end{cases} \tag{7.37}$$

で与えられるものとする．つまり，蓄えられている記憶の中で，同じ状態になるノード間を結ぶリンクが強く，異なる状態になるノード間のリンクが弱くなる，という性質をもたせる．ここで，$i, j = 1, 2, \cdots, N$ は細胞体の番号，N は全細胞体数であり，$\langle k \rangle$ はネットワークの平均次数である．

神経網の状態は，モンテカルロ法を用いて時間発展させる．すなわち，各細胞体について，時刻 t における状態 $S_i(t)$ から時刻 $t + 1$ の状態を

$$S_i(t + 1) = \text{sgn}\left(\sum_{j=1}^{N} J_{ij} S_j(t) \right) \tag{7.38}$$

によって決める．ただし，$\text{sgn}(x)$ は x の符号を表す関数であり，右辺はノード i の周りのノードの状態と，それらの間の結合の強さによってつくられる場を表している．すべての細胞体の状態が更新したときに，モンテカルロ法のステップを 1 だけ進める．十分な時間が経つと，各ノードの状態は安定な状態に収束し，それを $\{S_i\}$ で表す．

ここでは，神経回路網の記憶能力の 1 つの尺度である記憶容量とネットワークの構造の特徴との関係を見ることにする．

まず，(7.37) 式でリンクの結合強度に記憶させた，あるパターン μ が，

細胞体の状態 $\{S_i\}$ に実際に記憶されているかを判断するために，パターンの情報 ξ^μ と細胞体の状態 $\{S_i\}$ の**重なり度**（2 つの情報が一致している度合いの尺度）を

$$m^\mu = \frac{1}{N}\sum_i^N S_i \xi_i^\mu \tag{7.39}$$

によって定義する．$\{S_i\}$ がパターン μ と完全に一致しているときは，すべてのノードについて $S_i\xi_i^\mu = 1$ であるから $m^\mu = 1$ であり，全く似ていないときは，すべてのノードについて $S_i\xi_i^\mu$ は 1 または -1 をランダムにとり，$m^\mu = 0$ となる．

　次に，与えられた数 p のパターンを (7.37) に従って埋め込み，$t = 0$ において細胞体の状態をパターン 1 にとり，

$$S_i(0) = \xi_i^1 \qquad (i = 1, 2, \cdots, N) \tag{7.40}$$

とする．そして，細胞体の状態を (7.38) 式によって収束するまで時間発展させ，終状態と初期状態 ξ^1 との重なり度 m^1 を求めて，$m^1 \geq 0.9$ のとき，そのパターンは記憶されていると考える．与えられた p に対して，異なったパターンを用いて同様に記憶されているかどうかを判定し，記憶された回数と全試行回数の比によって記憶率，すなわち，そのネットワークの記憶能力を定義する．p が小さいときは記憶が失われることはなく，記憶率は 1 となり，p が大きくなると記憶が失われて，記憶率が 0 となる．

　図 7.8 に，WS 型ネットワーク構造をもつ神経回路網の記憶率の，パラメータ $\alpha \equiv p/N$ 依存性を示す．α が増加すると共に，記憶率が急激に減少するところが存在する．神経網の記憶容量 α_C を，記憶率が 0.5 になる α の値で定義すると，WS 型ネットワーク構造をもつ神経回路の記憶容量は

$$\alpha_C = \begin{cases} 0.022 & (f - 0：規則的ネットワーク) \\ 0.024 & (f = 0.1：スモールワールドネットワーク) \\ 0.032 & (f = 1：ランダムネットワーク) \end{cases}$$

$$\tag{7.41}$$

となることが示されている[5]．

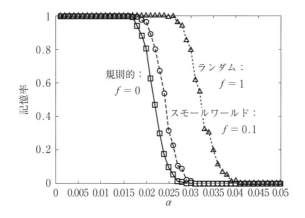

図7.8 WS型ネットワーク（$f = 0, 0.1, 1$, $\langle k \rangle = 100$, $N = 1000$）の
構造をもつ神経回路網の記憶率のパラメータ$\alpha \equiv p/N$依存性を示す.
記憶率が0.5になるαの値によって，記憶容量α_Cを定義する.
（H. Oshima and T. Odagaki : Phys. Rev. **E76**（2007）036114 による）

§7.3　ネットワークの連鎖破壊

　2018年9月6日未明の北海道胆振東部地震では，北海道内全域の約295
万戸にわたる大停電が起こった．北海道全域の電力供給網（図7.9）は，震
源地近くの苫東厚真発電所（石炭を燃料とする火力発電所）が全体の50％
の電力を供給できることを前提に造られていた．この電力供給網でつながっ
ている多くの発電所は，苫東厚真発電所の緊急停止により発電を停止し，大
規模停電に至った.

　同じような全域停電は，2003年9月28日にイタリア全土でも起こった.
1つの発電所が停止し，それに連動してインターネットのノードが破壊され，
それにより他の発電所が破損するという事象が連鎖的に起こり，広域の停電
となった．すなわち，互いに相互作用する2つのネットワークがあり，片方
の1つのノードが破壊されることによって他方のネットワークが破壊され，
それがさらに元のネットワークの破壊を引き起こし，さらに破壊が他方の
ネットワークに伝播するというように，連鎖的な破壊によって全体が機能を

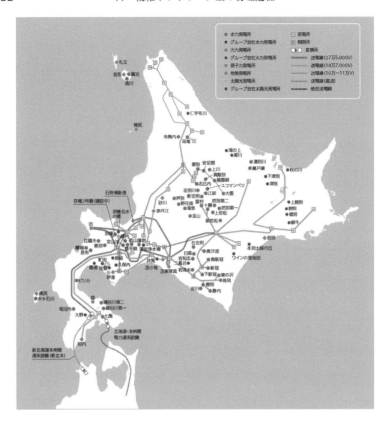

図7.9 北海道電力の主な電力設備の配置と送電線網.
（北海道電力のホームページによる）

喪失したのである.

　1種類のネットワークであれば，ノードあるいはリンクが破損してネットワーク全体のつながりが喪失するという問題は，§7.1で述べたパーコレーション過程の逆の過程と見ることができ，通常のパーコレーション過程の知見を応用することができる.

　この節では，相互につながりのある2つのネットワークにおける上記のような連鎖破壊をモデル化し，連鎖破壊が起こっても大きなネットワーク構造が存続して，ネットワークの機能が維持される条件を考える[6].

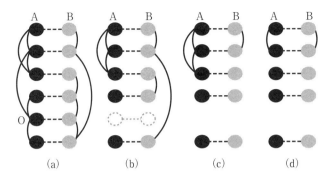

図 7.10　相互作用する 2 つのネットワークの連鎖破壊.
(a)　互いに相互作用するネットワーク A とネットワーク B. A ノードの O が
　　破壊される.
(b)　ステップ (1), (2) により, O から出るリンクおよび O と相互作用する B
　　ノードおよび, そのノードから出るリンクが消失する.
(c)　ステップ (3) により, B リンクの一部が消失する.
(d)　ステップ (4) により, A リンクの一部が消失する.

　まず, 出発点として, 図 7.10(a) のようなネットワーク A とネットワーク
B が, 対応するノード間のリンクを通して相互作用する系を考える. ネット
ワーク A の 1 つのノードが破壊されたとき, 次のように影響が伝播すると
仮定する.
　(1)　破壊されたノードを起点とするネットワーク A のリンク（A リンク）
　　　が切断される. ネットワーク A は, クラスターに分裂することがある.
　(2)　同時に, 破壊されたノードにつながるクラスター B のノードが消
　　　失し, さらに, そのノードを起点とするクラスター B のリンク
　　　（B リンク）が切断される.
　(3)　分裂したネットワーク A の異なるクラスターの間をつなぐように
　　　存在する B リンクが消失する. ネットワーク B は, クラスターに分
　　　裂することがある.
　(4)　分裂したネットワーク B の異なるクラスターの間を結ぶように存
　　　在する A リンクが消失する.

（5）　このプロセスができなくなるところまで繰り返す．

図 7.10(a) のようなネットワークで，ネットワーク A のノード O が破壊されると，ステップ (1), (2) の後に図(b) になり，ステップ (3) により図(c)，ステップ (4) により図(d) となる．最終状態の図 7.10(d) の上部にある 2 個の A ノードと 2 個の B ノードから成るクラスターが，存続するクラスターであり，このクラスターの大きさが全体のノード数と同程度でなければ，ネットワークが機能を失い，破壊されたことになる．

平均次数を $\langle k \rangle = 4$，ノード数を $N = 50{,}000$ に統一した，相互作用するいくつかのモデルネットワークの連鎖破壊が，シミュレーションによって調べられている[6]．3 種類のスケールフリーネットワーク（$\gamma = 2.3, 2.7, 3$），ランダムグラフ，ランダム定次数グラフにおいて，最初に片方のネットワークのノードを $1 - p$ の割合で破壊したとき，連鎖破壊の過程が終わった後に残った最も大きなクラスターに属すノード数の，全ノード数に対する割合

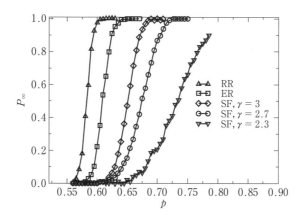

図 7.11　相互作用する 2 つのネットワークの連鎖破壊過程後に，任意のノードが最大のクラスターに属す確率を p の関数として示す．片方のネットワークのノードが $1 - p$ の割合で最初に破壊される．平均次数は $\langle k \rangle = 4$，それぞれのネットワークは $N - 50{,}000$ のノードから成る．SF：スケールフリーネットワーク（$\gamma = 2.3, 2.7, 3$），ER：ランダムグラフ，RR：ランダム定次数グラフ（S. V. Buldyrev, R. Parshani, G. Paul, H. E. Stanley and S. Havlin：Nature **464** (2010) 1025 による）

$P_\infty(p, N)$ を，p の関数として図 7.11 に示す.

図から，いくつかの特徴を読みとることができる.

(1)　初期状態として破壊されるノード数が減る（すなわち，p が増える）と，ある濃度 p_c のところで $P_\infty(p, N)$ が急に大きくなる．N の大きい極限では，$P_\infty(p, \infty)$ は階段関数になり，不連続的（1次転移的）な転移を示す.

(2)　転移の起こる濃度は，次数分布の幅が広いほど大きくなる．すなわち，次数分布の大きなネットワークほど，少しの破壊だけで全体が機能しなくなり，連鎖破壊に対して脆弱になる.

相互作用するネットワークの連鎖破壊については，解析的な取り扱いも行われており，ランダムグラフの場合，$p_c = 2.4554/\langle k \rangle$ が示されている[6].

問　　題

1.　平均次数が $\langle k \rangle = 5$，リンクの付け替えの割合が $f = 0.1$ の変形 WS モデル上のサイト過程について，臨界確率をグラフを用いて求めよ.

参 考 文 献

[1]　H. Oshima and T. Odagaki : J. Phys. Soc. Jpn. **81** (2012) 074004.

[2]　Y. Kuramoto : "*Chemical Oscillations, Waves and Turbulence*" (Springer, Berlin, 1984).

[3]　F. Mori and T. Odagaki : Physica **D238** (2009) 1180.

[4]　W. S. McCulloch and W. Pitts : Bull. Math. Biol. **52** (1990) 99.

[5]　H. Oshima and T. Odagaki : Phys. Rev. **E76** (2007) 036114.

[6]　S. V. Buldyrev, R. Parshani, G. Paul, H. E. Stanley and S. Havlin : Nature **464** (2010) 1025.

付録　クラスター形成のアルゴリズム

　パーコレーション過程のつながりの判定を自分でやってみたい人のために，正方格子を例として，クラスターを形成するアルゴリズムを簡単に解説する．実際のプログラムは，馴染みのあるプログラミング言語で書くことができる．

　まず，$N \times N$ の正方格子の各格子点を (i, j) で表し，要素の密度 p を与えて，pN^2 個の要素が格子点上にランダムに配置されているとしよう．要素をクラスターに分け，クラスターに番号を付けるのが目的である．

　図 A.1 の左上から，1 行目の格子点 $(i, 1)\,(i = 1, 2, \cdots, N)$ を左から順に調べ，最初の要素にクラスターの番号 1 を付ける．次の格子点が要素で占有されているときは同じクラスターの番号を付け，次に進む．要素のない格子点は何もせずに次に行き，次も空であれば，さらに次に進む．次に占有されている格子点があれば，クラスターの番号を 1 つ増やして，その要素にクラスターの番号 2 を付ける．これを繰り返して右端まで調べ終わると，2 行目の判定に移る（図 A.1 の 1 行目の，1, 22, 33 と番号付けされたクラスターを参照）．

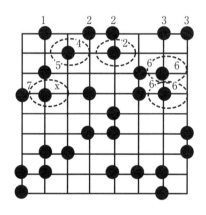

図 A.1　クラスターの番号付けの
　　　　　アルゴリズム．

　2 行目の最初の格子点が占有されているときは，上の格子点 $(1, 1)$ を調べて，それが占有されているときは，それと同じクラスターの番号を付け，占有されてい

ないときは，クラスターの番号を 1 つ増やして新しいクラスターの番号を付ける．

　一般に，格子点 (i, j) に来たとき，その格子点が占有されていなければ次に進む

だけだから，占有されているときにどうすればよいかを考えよう．このとき，す

でに通過してきた格子点 $(i - 1, j)$，$(i, j - 1)$ の状況が問題になる．両者が空の

場合（図 A.1 の 2 行目の 4），片方のみが占有されている場合（2 行目の 2，3 行目

の右側の 6），両者が占有され，両者のクラスターの番号が同じ場合（4 行目の右

側の 6）と，両者が占有され，両者のクラスターの番号が異なる場合（4 行目の x），

の 4 種類があり得る．それぞれについて，表 A.1 のように対応する．

表 A.1　一般の場合のクラスターの番号の付け方

状　況	付けるクラスターの番号，他
両者が空	クラスターの番号を 1 つ増やし，新しいクラスターの番号を付ける．
片方が占有されている	占有されている要素と同じクラスターの番号を付ける．
両者が占有され，同じクラスターの番号	それらと同じクラスターの番号を付ける．
両者が占有され，異なるクラスターの番号	小さい方のクラスターの番号を付け，異なったクラスターがつながったことを記録する．

　一番問題となるのは，最後の場合の図 A.1 の x と記した点である．点 x は，

5 と 7 をつなぐことになるから，x に番号 5 を付けると共に，クラスター 5 と 7 が

つながったという情報を記録しておく．最後まで番号付けができた後，つながっ

たクラスターのリストを参照して，クラスターの番号を統一し，それを各格子点

に付与する．空の格子点には，通常は 0 を付けて，空であることがわかるように

しておく．

問 題 略 解

第 1 章

1. 略.

2. 略.

第 2 章

1. 5種類のモチーフそれぞれについて，与えられた格子点を含む配置の数を数え上げる.

$$a_{4,10} = 8, \qquad a_{4,9} = 32, \qquad a_{4,8} = 36$$

2. $\kappa = 2$ のとき，(2.27) 式は，$p(1-p) = P^*(p)\{1 - P^*(p)\}$ となる. ゆえに，

$$P^*(p) = \begin{cases} p & \left(p \leq \dfrac{1}{2} \text{ のとき}\right) \\ 1-p & \left(p > \dfrac{1}{2} \text{ のとき}\right) \end{cases}$$

である. $(2.3), (2.29), (2.31), (2.32)$ 式から求めた $F(p), P(p), S(p), M_0(p)$ は表のようになり，それぞれの p 依存性を図に示す.

	$p \leq \dfrac{1}{2}$	$p > \dfrac{1}{2}$
$F(p)$	p	$\dfrac{(1-p)^3}{p^2}$
$P(p)$	0	$p - \dfrac{(1-p)^3}{p^2}$
$S(p)$	$\dfrac{1+p}{1-2p}$	$\dfrac{2-p}{2p-1}$
$M_0(p)$	$\dfrac{p(2-3p)}{2}$	$\dfrac{(3p-1)(1-p)^3}{2p^2}$

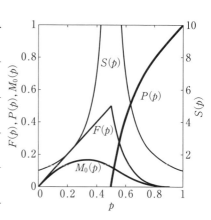

第 3 章

1. 3×3 の格子で占有された格子点の可能な配置の総数は, $2^9 = 512$ である. それらを占有された点の数で分類し, 上下方向または左右方向につながりのあるもの, および両方向につながりのある配置の数は, 次の表のようになる.

	全数	確率	上下または左右	上下および左右
9	1	p^9	1	1
8	9	$p^8(1-p)$	9	9
7	36	$p^7(1-p)^2$	36	36
6	84	$p^6(1-p)^3$	82	52
5	126	$p^5(1-p)^4$	93	25
4	126	$p^4(1-p)^5$	44	0
3	84	$p^3(1-p)^6$	6	0
2	36	$p^2(1-p)^7$	0	0
1	9	$p(1-p)^8$	0	0
0	1	$(1-p)^9$	0	0

これより, 上下または左右につながりのある場合に繰り込まれた格子点が占有されるとしたときの繰り込み関数 $p'_m(p)$ は,

$$p'_m(p) = p^9 + 9p^8(1-p) + 36p^7(1-p)^2 + 82p^6(1-p)^3$$
$$+ 93p^5(1-p)^4 + 44p^4(1-p)^5 + 6p^3(1-p)^6$$
$$= p^9 - 5p^8 - 2p^7 + 30p^6 - 37p^5 + 8p^4 + 6p^3$$

また, 上下および左右につながりのある場合に繰り込まれた格子点が占有されるとしたときの繰り込み関数 $p'_M(p)$ は,

$$p'_M(p) = p^9 + 9p^8(1-p) + 36p^7(1-p)^2 + 52p^6(1-p)^3 + 25p^5(1-p)^4$$
$$= p^9 - 7p^8 + 30p^7 - 48p^6 + 25p^5$$

となる.

$p'_m(p) = p$ あるいは $p'_M(p) = p$ とおいて, それぞれの場合の不安定固定点から臨界浸透確率を求めると, それぞれ 0.4726, 0.7325 を得る.

さらに, $b = 3$ として (3.40) 式に従って臨界指数を求めると, それぞれ 1.4798, 1.5113 となる.

2. (3.48) 式から，$\kappa = 2$ のときは

$$\rho_c(T) = \frac{2}{3 + e^{4J/k_B T}}$$

$\kappa = 4$ のときは

$$\rho_c(T) = \frac{4}{7 + 9e^{4J/k_B T}}$$

である．引力および斥力の場合を考慮して，これらの温度依存性を図に示す．

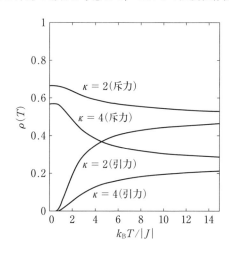

第 4 章

1. 略．

2. 選ばれた N 個の円板の占める面積は $\pi r^2 N$ であり，それが全体の面積に占める割合は $\pi r^2 N/L^2$ である．これらの円板がパーコレートするときは，面積の割合が 2 次元の臨界面積分率 0.45 以上になる場合であるから，

$$N_c = 0.45 \frac{L^2}{\pi r^2} = 0.143 \left(\frac{L}{r} \right)^2$$

である．

第 5 章

1. 1 つの格子点につながる格子点の数（ノード）は 6 であり，隣同士のそれらのノードを結ぶリンク数は 6 である．一方，6 個のノードの間に存在できるリンク数は，${}_6C_2 = 15$ である．したがって，クラスター係数は

$$C = \frac{6}{15} = 0.4$$

である.

2. N 個の格子点から 2 個の格子点を選ぶ場合の数は, $_NC_2 = N(N-1)/2$ である. 格子上の任意の 2 点 (i, m) 間の距離を d_{im} とすると, 平均経路長 L は

$$L = \frac{1}{\frac{N(N-1)}{2}} \sum_{i=1}^{N-1} \sum_{m=i+1}^{N} (m-i) = \frac{1}{\frac{N(N-1)}{2}} \frac{N(N-1)(N+1)}{6}$$

$$= \frac{N+1}{3}$$

となる.

3. $N \times N$ の正方格子のノードの対の総数は, $N^2(N^2-1)/2$ である. 正方格子上の 2 つの格子点を (i, j) と (m, n) とし, これらの 2 点間の距離を $d_{ij}^{mn} = |m-i| + |n-j|$ とすると, 平均経路長は

$$L = \frac{1}{\frac{N^2(N^2-1)}{2}} \sum_{i=1}^{N} \sum_{j=1}^{N} \left(\sum_{n=1}^{N} \sum_{m>i}^{N} d_{ij}^{mn} + \sum_{n>j}^{N} d_{ij}^{in} \right) = \frac{2N}{3}$$

となる.

第 6 章

1. ランダムグラフの場合, 1 ステップで $\langle k \rangle$ 個のノードが増え, L ステップでおよそ $N \sim \langle k \rangle^L$ となる. したがって,

$$L \sim \frac{\log N}{\log \langle k \rangle}$$

である.

2. (6.19) 式より, 次のようになる.

$$P(k) = \frac{k-1}{k+2} P(k-1) = \frac{k-1}{k+2} \frac{k-2}{k+1} P(k-2)$$

$$= \frac{k-1}{k+2} \frac{k-2}{k+1} \frac{k-3}{k} P(k-3)$$

$$= \frac{k-1}{k+2} \frac{k-2}{k+1} \frac{k-3}{k} \frac{k-4}{k-1} P(k-3) = \frac{k-1}{k+2} \frac{k-2}{k+1} \frac{k-3}{k} P(k-3)$$

$$= \frac{k-1}{k+2} \frac{k-2}{k+1} \frac{k-3}{k} \frac{k-4}{k-1} \cdots \frac{1}{4} P(1)$$

$$= \frac{C}{k(k+1)(k+2)}$$

第 7 章

1. (7.19) 式と (7.31) 式は $\langle k \rangle = 5$, $f = 0.1$ の場合，それぞれ

$$p' = 1 - (1 - p)^{2.5}$$

$$p' = \frac{1 - 0.5p}{1 + 0.5p}$$

になる．これらの関数は図のような振る舞いをするから，その交点から臨界確率を求めると，$p_c \sim 0.37$ となる．

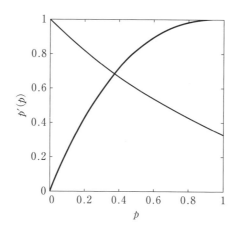

索　　引

著者略歴

小田垣 孝（おだがき たかし）

1968年　京都大学理学部卒，1975年　理学博士（京都大学）
1979年　ニューヨーク市立大学物理学科研究員
1982年　ブランダイス大学物理学科助教授
1989年　京都工芸繊維大学工芸学部教授
1993年　九州大学理学部教授
1998年　九州大学大学院理学研究科教授
2000年　九州大学大学院理学研究院教授
2009年　九州大学名誉教授
2009年　東京電機大学理工学部教授
2016年　科学教育総合研究所（株）代表取締役

専攻は，物性理論，統計力学，不規則系の物理学，社会物理学．
主な著，訳書：「エッセンシャル統計力学」，「統計力学」，「基礎科学のための
　　　　　　数学的手法」，「パーコレーションの科学」，「つながりの科学
　　　　　　──パーコレーション──」（以上，裳華房）．
　　　　　　キャレン「熱力学および統計力学入門」，スタウファー–アハ
　　　　　　ロニー「パーコレーションの基本原理」，アグラワール「非線
　　　　　　形ファイバー光学」（共訳）（以上，吉岡書店）．
　　　　　　「自然をみる目を育てる　力学の初歩」，「自然をみる目を育て
　　　　　　る　電磁気学の初歩」（以上，培風館）．

つながりの物理学 ── パーコレーション理論と複雑ネットワーク理論 ──

2020年 9 月 25 日　　第 1 版 1 刷発行

検　印
省　略

定価はカバーに表
示してあります．

著　者	小 田 垣　　孝
発 行 者	吉 野 和 浩
発 行 所	〒102-0081東京都千代田区四番町8-1 電　話　（03）3262 – 9166（代） 株式会社　裳 華 房
印 刷 所	中 央 印 刷 株 式 会 社
製 本 所	株式会社 松 岳 社

一般社団法人
自然科学書協会会員

ISBN 978-4-7853-2925-9

エッセンシャル 統計力学

小田垣 孝 著　A5判／218頁／定価（本体2500円＋税）

　初めて統計力学を学ぶ人のために，統計力学の基本的な考え方を体系的に解説した．そのため，取り上げるテーマを精選し，初心者がスモールステップで学べるように各章の順序も工夫を施した．
　統計力学では，微視的状態の数を求めるというなじみの薄い手続きが必要となるため，物理学を専攻する学生にとっても取りかかりにくい科目となっている．そこで本書では，基本公式の導出をできるだけ簡明に行い，またバーチャルラボラトリー（VL；Webを用いたシミュレーション）とも連係させて直観的な理解を助けるようにした．

【主要目次】プロローグ　1．熱力学から統計力学へ　2．ミクロカノニカルアンサンブル　3．カノニカルアンサンブル　4．いろいろなアンサンブル　5．ボース粒子とフェルミ粒子　6．理想ボース気体　7．理想フェルミ気体　8．相転移の統計力学

統計力学

小田垣 孝 著　A5判／240頁／定価（本体2600円＋税）

　初めて統計力学を学ぶ人のために，基本的概念から専門的知識までをわかりやすく体系的に解説した．インターネット上に用意されたバーチャルラボラトリー内のＣＧを利用した仮想実験が本書と連係した形で取り入れられており，それが有効と思われる本文中の箇所に 【アニメ】 という記号を付し，読者がより理解を深めることができるよう工夫されている．

【主要目次】1．熱力学の要点　2．熱力学から統計力学へ　3．アンサンブル理論とミクロカノニカルアンサンブル　4．カノニカルアンサンブル　5．グランドカノニカルアンサンブル　6．T-Pアンサンブル　7．量子統計力学入門　8．多原子分子気体の性質　9．理想フェルミ気体　10．理想ボース気体　11．相転移　付録

パーコレーションの科学

小田垣 孝 著　A5判／142頁／定価（本体3000円＋税）

　自然現象には要素の「つながり」の有無が決定的な役割を果たすものが多い．この解析の手法の基礎から応用までを，物質科学の例を主に用いて解説したものである．

【主要目次】1．パーコレーションとは　2．1次元格子およびベーテ格子のパーコレーション　3．一般の格子のパーコレーション　4．クラスターの解析とスケーリング理論　5．繰込み群　6．相互作用のある系のパーコレーション　7．連続空間におけるパーコレーション　8．動的パーコレーション －古典過程－　9．動的パーコレーション －量子過程－　10．いくつかの応用例

基礎科学のための 数学的手法

小田垣 孝 著　A5判／124頁／定価（本体1900円＋税）

【主要目次】1．運動法則 －微分方程式－　2．力とポテンシャル －偏微分－　3．振り子の運動 －テイラー展開－　4．いろいろな振動 －2階線形常微分方程式－　5．連成振動 －固有値と固有ベクトル－　6．回転座標系と角運動量 －ベクトルの外積および重積分－　7．ベクトル場と発散・回転 －ベクトル解析－　8．フェルマーの原理と変分原理 －オイラー方程式－